小尺寸 × 大實用！

柴田明美の小可愛拼布

43 款日常手作布小物 × 收納包全創作

作者序

「創作一本收錄小尺寸作品的書吧！」

收到了這樣的邀稿，我回應了對方：「感覺滿有趣的！」並悠閒地著手進行製作。

在進行發想的過程中，希望能介紹更多不同感覺的作品，

也請擔任我教室的講師夥伴們幫忙製作作品。

託大家的福，能在書中介紹種類豐富的拼布作品，我感到很開心。

來說說我以前的經歷吧！

我是一名關西的拼布作家，原本與東京的出版社沒什麼接觸的機會，

那時候從來沒有出過書，內心覺得：「出版書籍根本就是夢境中的夢境」

幾乎是放棄了希望，擁有這樣想法的我，在1994年出了自己第一本書，

Boutique-sha的社長只是看到我的作品，就說了句：「來出書吧！」

當時那種無法置信的喜悅，至今仍無法忘懷。

託大家的福，我的書籍光是日文版就有14本。

每次在製作書籍時，都不惜犧牲睡眠時間，盡全力的準備。

但今後我希望不要給自己太大的壓力，開心地進行製作。

我想要自由地依自己喜好製作作品、過生活、穿搭時尚衣物、安排時間……

若能開心的品味人生樣貌，自然而然地也能製作出很棒的作品。

希望閱讀本書的大家，也能與拼布一同開心的度過人生。

柴田明美

Contents

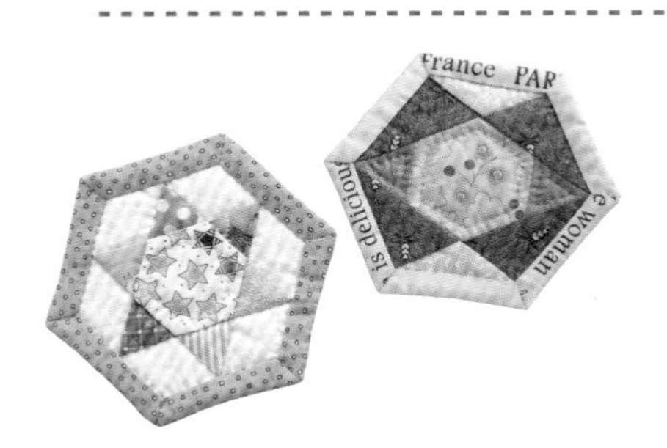
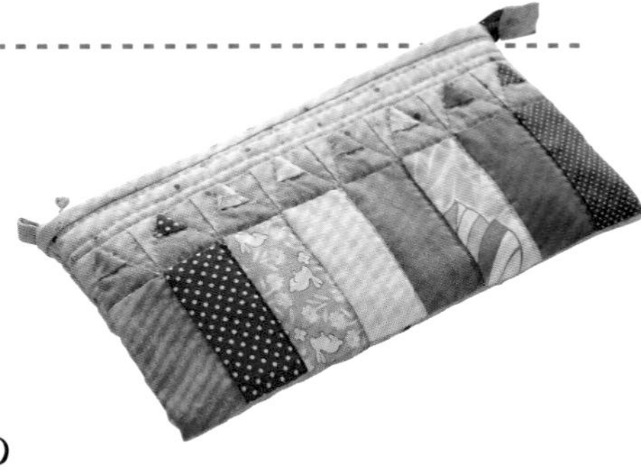

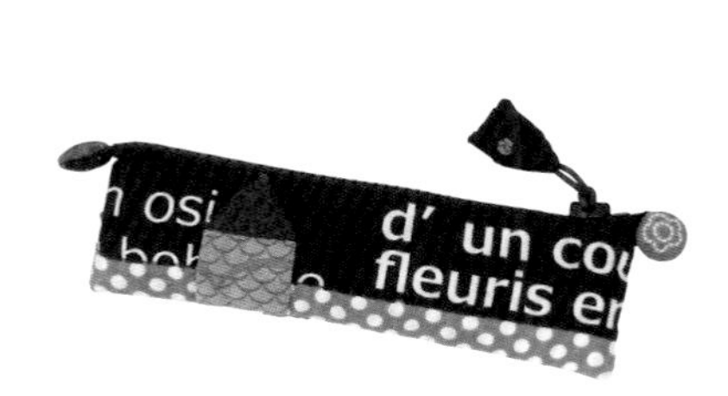

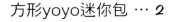

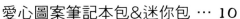

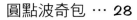

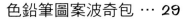

方形yoyo迷你包

正方形布片製作而成的yoyo拼布。選用英文字母造型印花布及綠色條紋布，呈現清爽氛圍。

作法 P.66

長21.5cm×寬24cm×側身6.6cm

1

迷你提包

決定包包形狀後，再來要選什麼布料呢？經過一陣煩惱後，完成了可愛造型的包包，使用底布的上下側布料，與中央的印花布組合，非常討人喜歡。

作法 P.4

長25cm×寬29cm×側身12cm

2

P.3 2 迷你提包

材料

貼布縫用布 適量
表布（棕色）寬50cm 25cm
別布（水色）寬70cm 30cm（※含斜紋布）
鋪棉　寬85cm 30cm
裡布（印花布）寬85cm 30cm
提把（約38cm）1組
※斜紋布 寬3cm 長70cm。

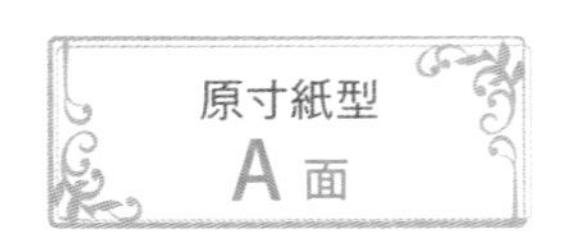

原寸紙型
A 面

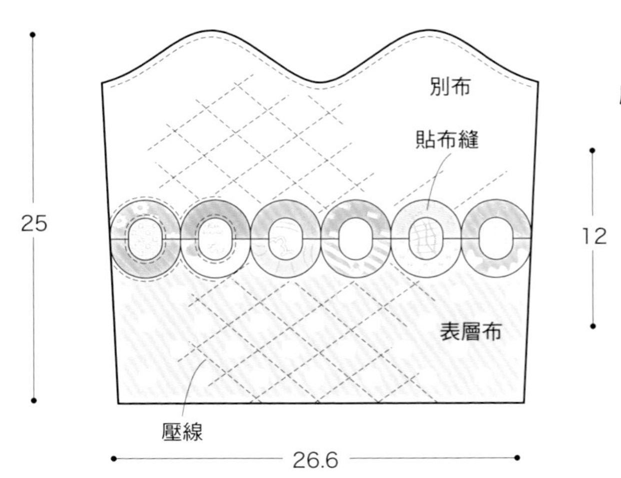

袋布2片（表層布・鋪棉・裡布）
別布
貼布縫
25
表層布
壓線
26.6

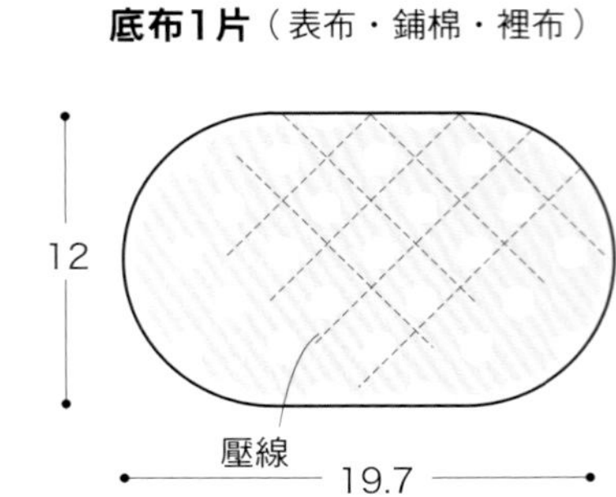

底布1片（表布・鋪棉・裡布）
12
壓線
19.7

1 完成貼布縫用布，進行平針縫。

2 縫合袋布，製作表層布

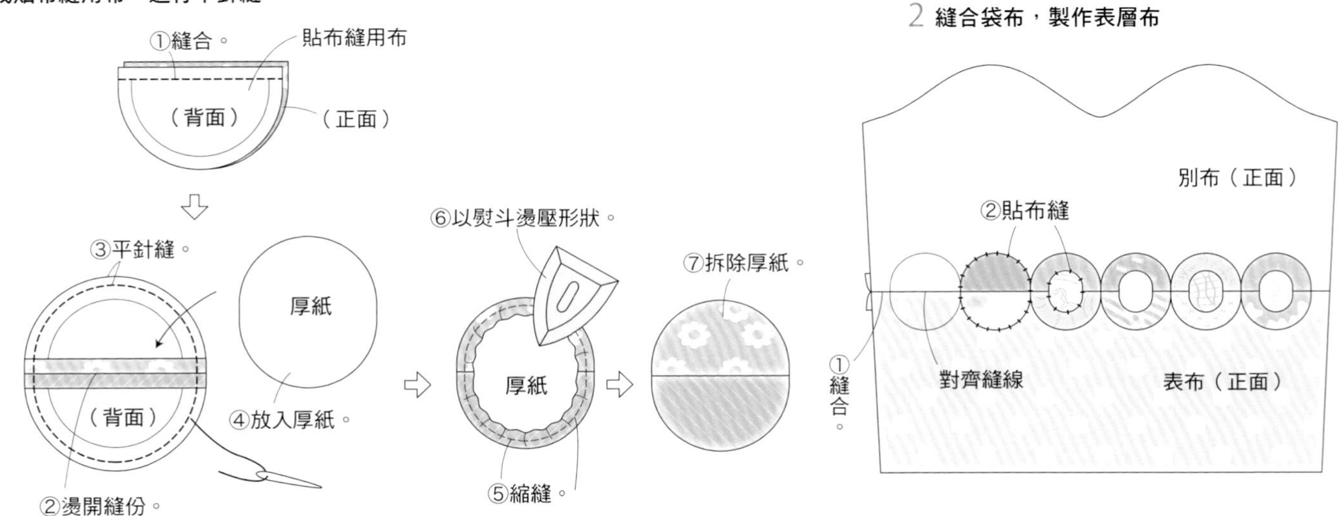

①縫合。
貼布縫用布
（背面）
（正面）
③平針縫。
厚紙
（背面）
④放入厚紙。
②燙開縫份。
⑥以熨斗燙壓形狀。
厚紙
⑤縮縫。
⑦拆除厚紙。
別布（正面）
②貼布縫
①縫合。
對齊縫線
表布（正面）

3 重疊表層布與鋪棉、裡布後進行壓線。底部也以相同方式壓線。

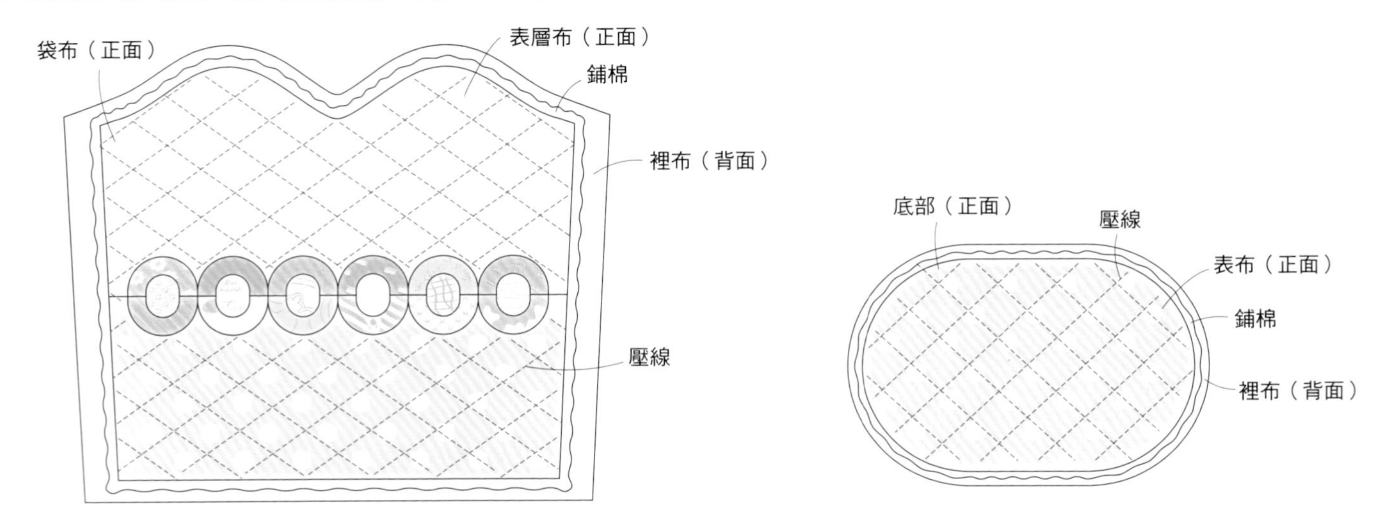

袋布（正面）
表層布（正面）
鋪棉
裡布（背面）
壓線
底部（正面）
壓線
表布（正面）
鋪棉
裡布（背面）

4 縫合袋布的脇邊，細裁單邊縫份，再以剩下的縫份包覆。

5 縫合底部，縫份以裡布包覆。

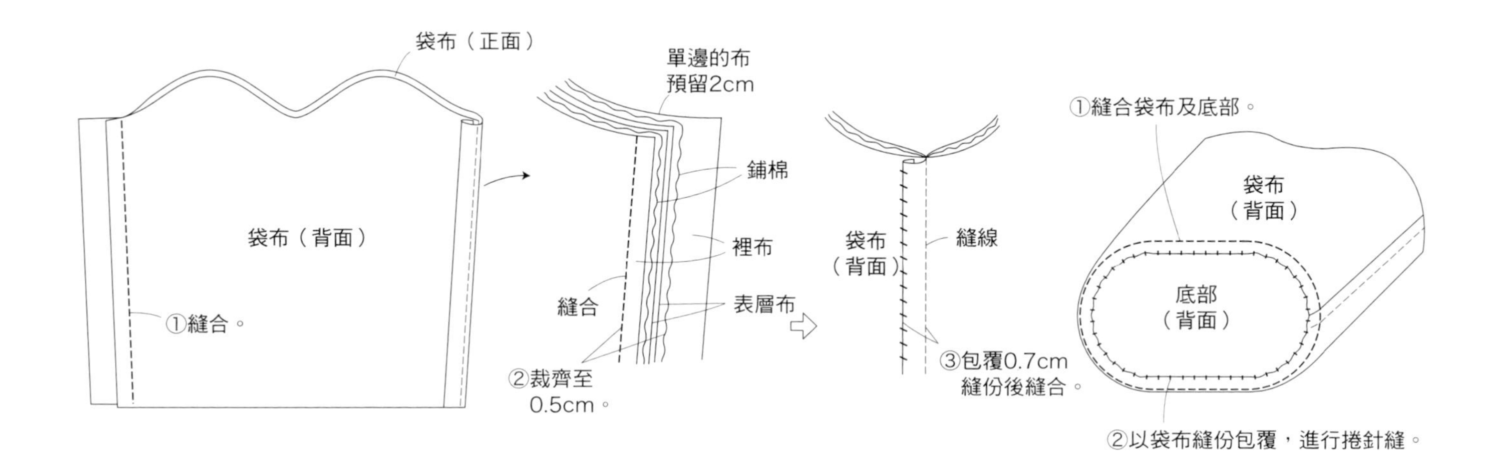
袋布（正面）
單邊的布
預留2cm
鋪棉
袋布（背面）
裡布
縫合
表層布
①縫合。
②裁齊至
0.5cm。
袋布
（背面）
縫線
③包覆0.7cm
縫份後縫合。
①縫合袋布及底部。
袋布
（背面）
底部
（背面）
②以袋布縫份包覆，進行捲針縫。

6 開口處縫合斜紋布，處理開口。

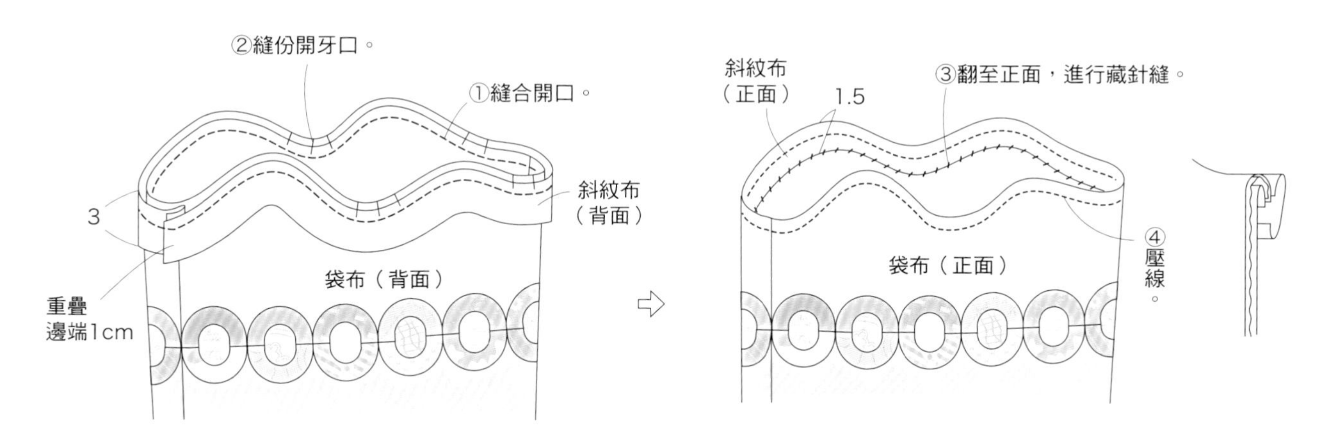
②縫份開牙口。
①縫合開口。
斜紋布
（背面）
3
重疊
邊端1cm
袋布（背面）
斜紋布
（正面）
1.5
③翻至正面，進行藏針縫。
④
壓
線
。
袋布（正面）

7 袋布上縫合固定提把。

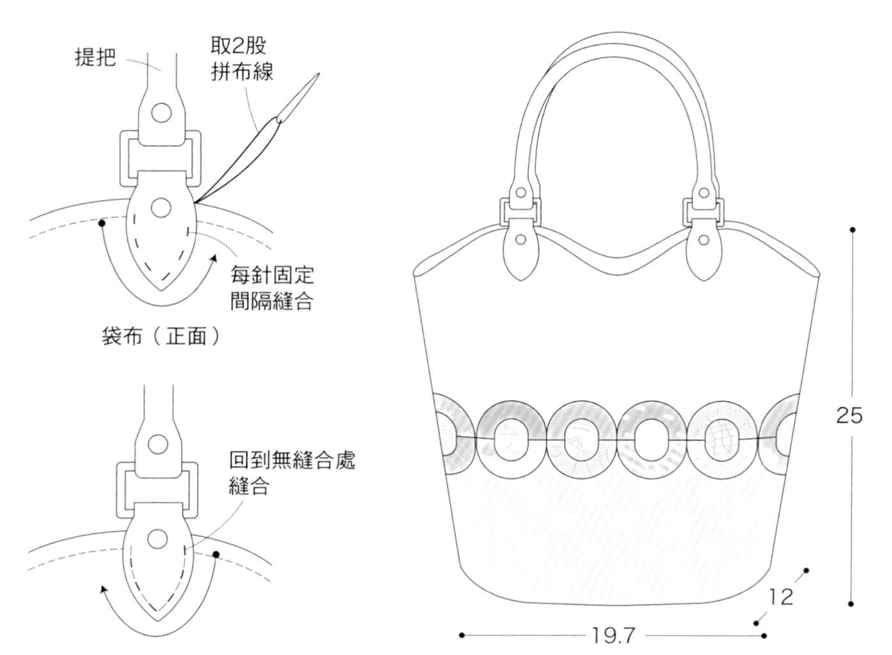
提把
取2股
拼布線
每針固定
間隔縫合
袋布（正面）
回到無縫合處
縫合
25
12
19.7

藍色迷你包

藍色！藍色！藍色！是我最近喜歡的顏色。從淺藍到深藍，我沉溺在藍色色海中。遇見令人沉醉的顏色，作起包來也更開心了。

作法 P.69

長14㎝×寬23.6㎝×側身8.2㎝

3

4

抽褶側背包

為了小尺寸側背包獨特設計，具有童趣風格的作品。色彩繽紛的四方形拼接，加上閃閃發光的寶石，周圍以抽褶織帶裝飾，很適合作為禮物。

作法 P.8

長13cm×寬22cm×側身6cm

P.7 4 抽褶側背包

材料

拼布用布 合計 寬30cm 20cm
表布（綠色素色）寬30cm 35cm
抽褶布・裝飾布（棕色素面）寬5cm 85cm斜紋布
鋪棉　寬25cm 35cm
裡布（印花布）寬50cm 35cm
拉鍊（20cm）1條
蠟繩（粗0.2cm）25cm
D形環（內尺寸）2個
萊茵石造型串珠　9個
市售的肩背帶

※布片24片
※抽褶布 裝飾布分開使用

原寸紙型 A面

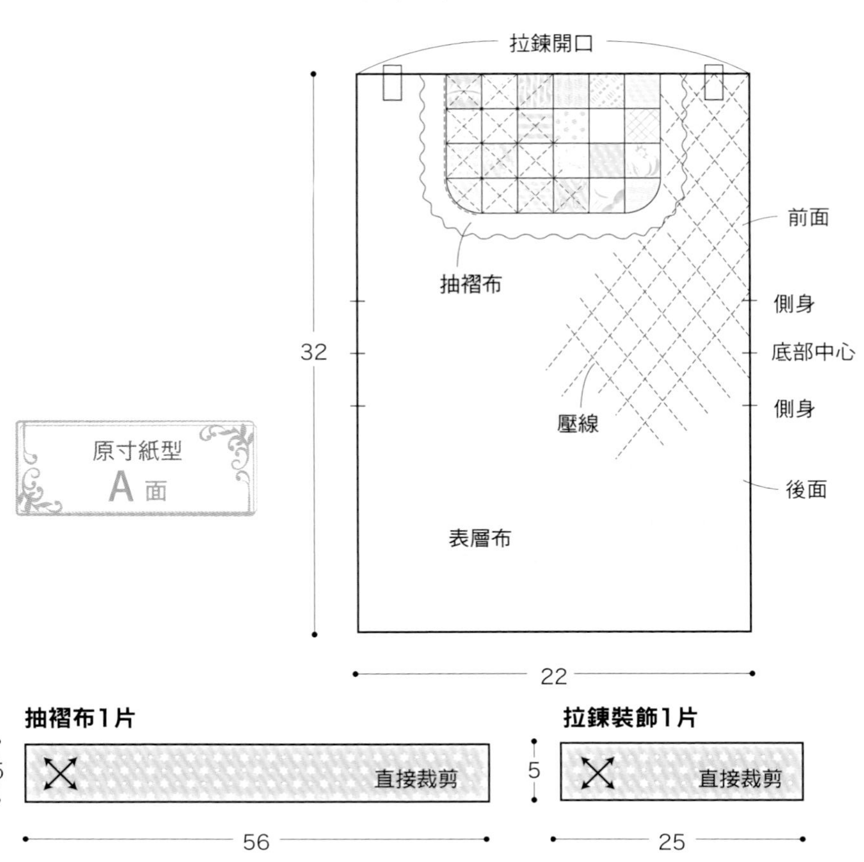

袋布1片（表層布・鋪棉・裡布）
拉鍊開口
前面
抽褶布
側身
32
底部中心
側身
壓線
後面
表層布
22
抽褶布1片
5
直接裁剪
56
拉鍊裝飾1片
5
直接裁剪
25

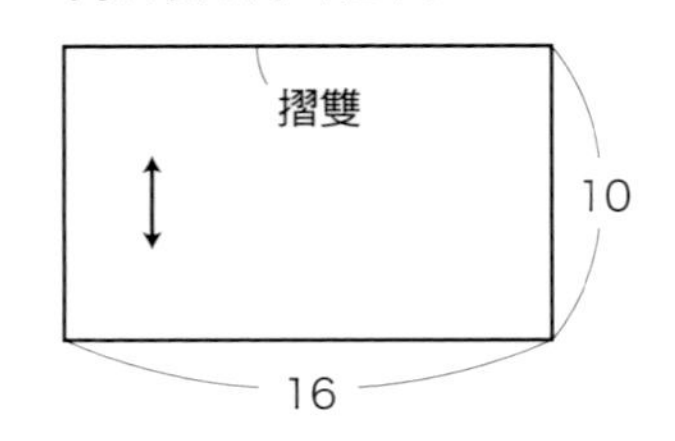

內口袋1片（裡布）
摺雙
10
16

1 拼接。製作抽褶，加於表布。在上方進行藏針縫，縫合布片。

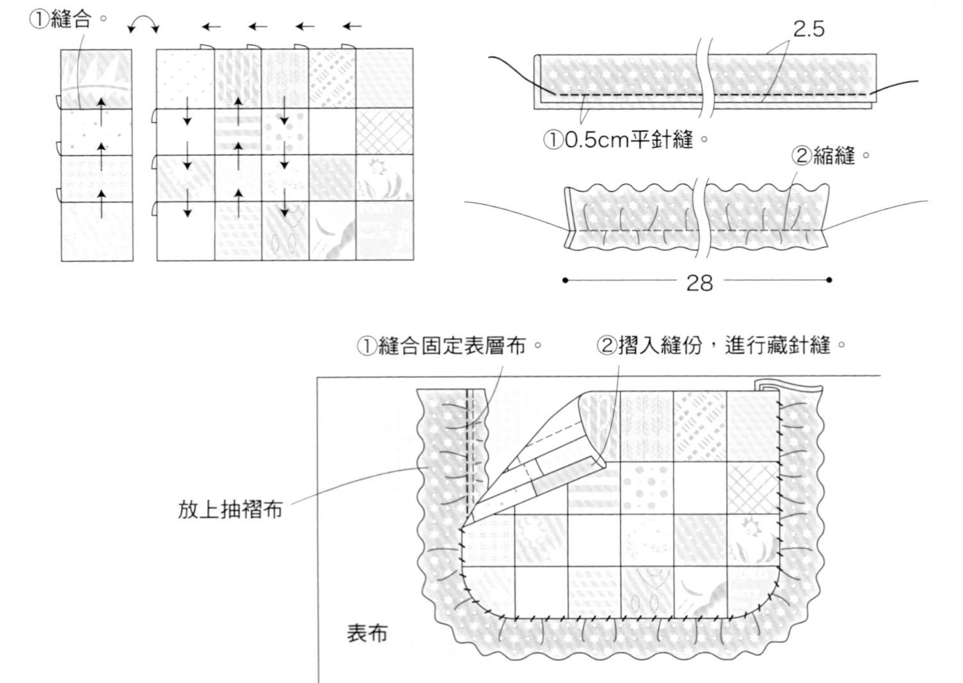

②往箭號方向倒向。
①縫合。
2.5
①0.5cm平針縫。
②縮縫。
28
①縫合固定表層布。
②摺入縫份，進行藏針縫。
放上抽褶布
表布

2 重疊表層布與裡布、鋪棉，縫合周圍。

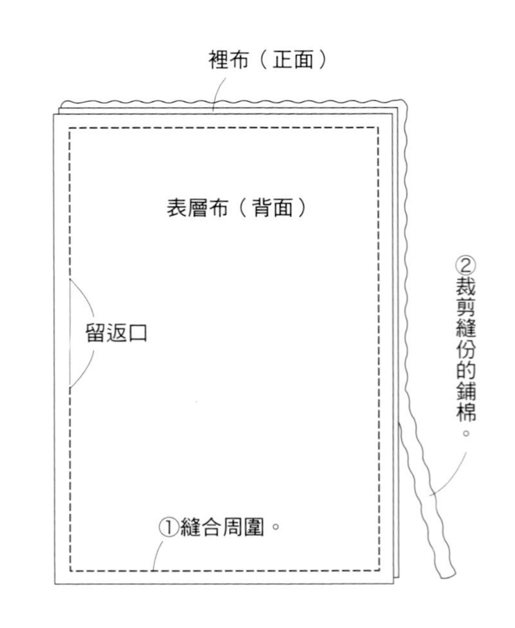

裡布（正面）
表層布（背面）
留返口
②裁剪縫份的鋪棉。
①縫合周圍。

3 翻至正面，壓線。

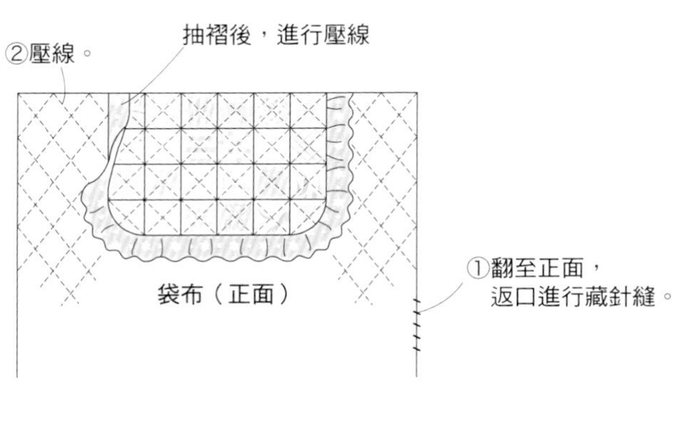
②壓線。
抽褶後，進行壓線
袋布（正面）
①翻至正面，
返口進行藏針縫。

4 製作內口袋，縫於袋布背面，縫合袋布邊，縫合側身。

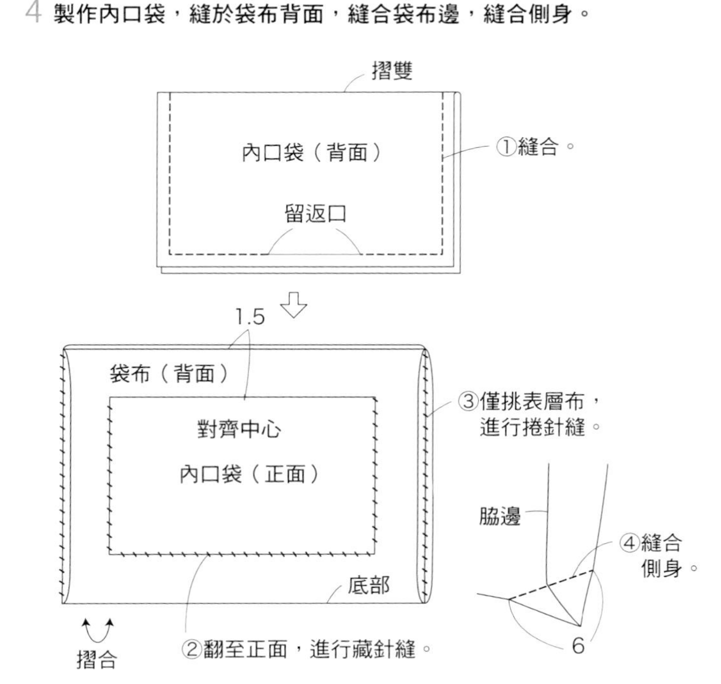
摺雙
內口袋（背面）
①縫合。
留返口
1.5
袋布（背面）
對齊中心
內口袋（正面）
③僅挑表層布，
進行捲針縫。
脇邊
④縫合
側身。
底部
摺合
②翻至正面，進行藏針縫。
6

5 加上拉鍊。

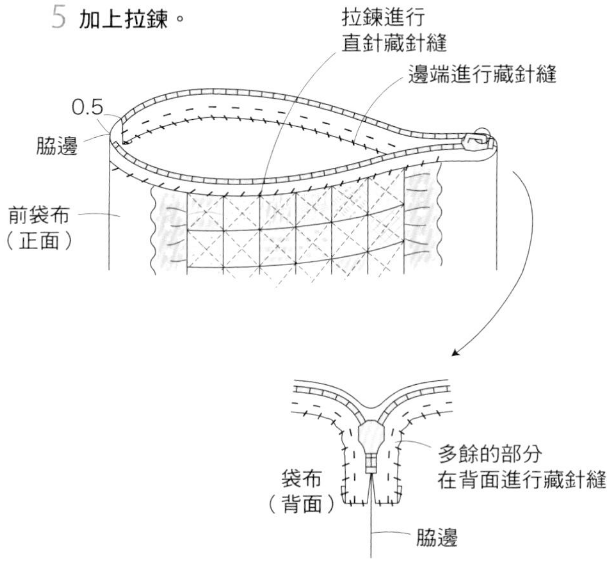
拉鍊進行
直針藏針縫
邊端進行藏針縫
0.5
脇邊
前袋布
（正面）
多餘的部分
在背面進行藏針縫
袋布
（背面）
脇邊

6 製作釦絆，加於後袋布。

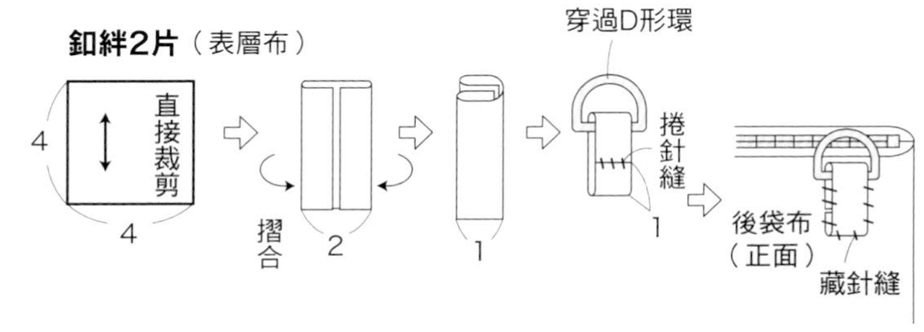
釦絆2片（表層布）
穿過D形環
4
直接裁剪
4
摺合
2
1
捲針縫
1
後袋布
（正面）
藏針縫

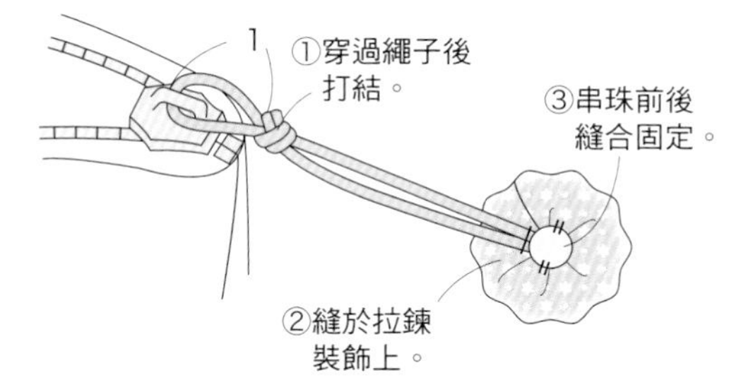
1
①穿過繩子後
打結。
③串珠前後
縫合固定。
②縫於拉鍊
裝飾上。

7 加上拉鍊裝飾。

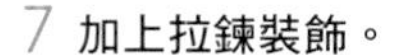

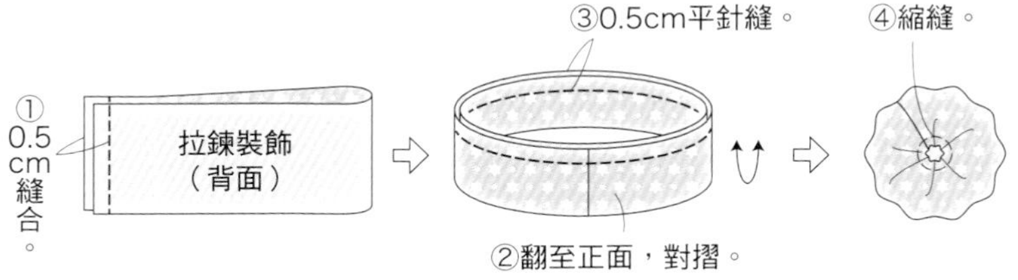
①
0.5
cm
縫合。
拉鍊裝飾
（背面）
③0.5cm平針縫。
④縮縫。
②翻至正面，對摺。

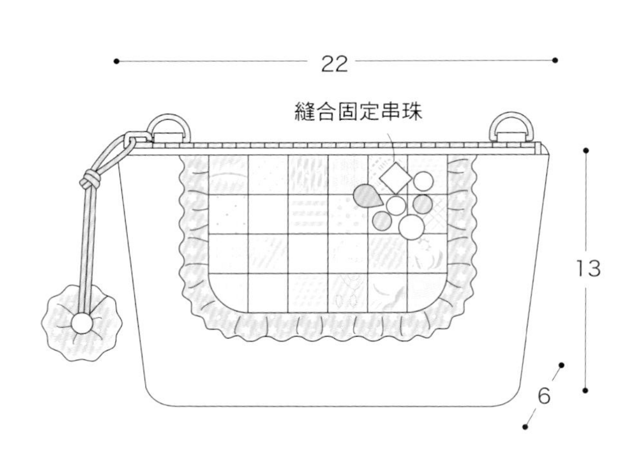
22
縫合固定串珠
13
6

6
5

愛心圖案
筆記本包&迷你包

使用喜歡的愛心圖案，及最愛的布料製作。因為紙型數少，能輕鬆完成迷你包及可放入包包中的筆記本包。

作法 5／P.12

長18.8㎝×寬26㎝×側身5㎝

作法 6／P.74

長11.8㎝×寬17.6㎝

由三角形拼片組合成的心形圖案，
排列出美麗的配色。

拉鍊前端加上
讓拉鍊便於拉開的拉頭。

筆記本包也加裝拉鍊開口。

P.10 5 愛心圖案迷你包

材料

拼布用布（14種）各寬10cm 10cm
表布（原色）寬65cm 40cm
別布（淡綠色）寬30cm 10cm
鋪棉　寬65cm 40cm
裡布（印花布）寬65cm 40cm
拉鍊（30cm）1條
包釦用布　寬10cm 10cm
包釦（直徑2.1cm）4個
裝飾釦8個
提把（26cm）1組

※開口的滾邊使用寬3.5cm長55cm的斜紋布。
※包釦的作法參考P.87。

側身1片
（表布・鋪棉・裡布）

30.2
壓線
5

前袋布1片（表布・鋪棉・裡布）

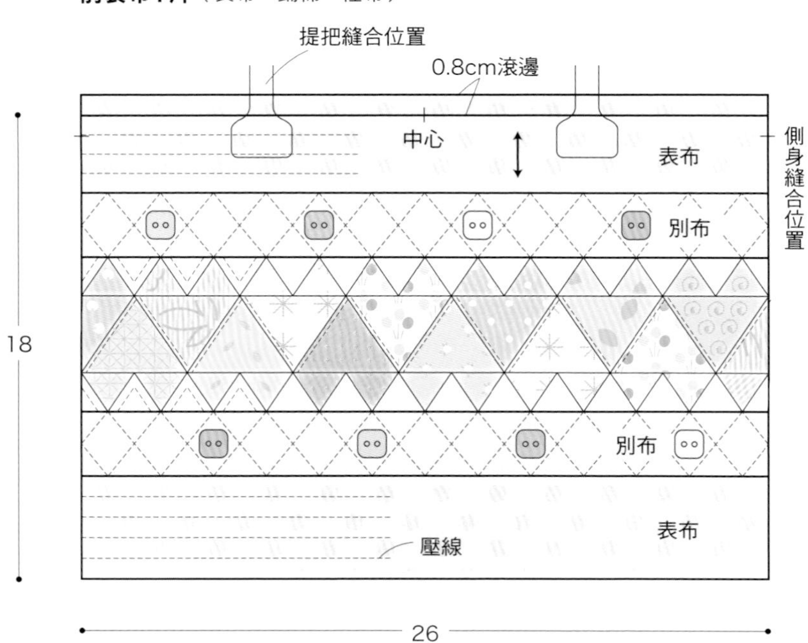
提把縫合位置
0.8cm滾邊
中心
表布
側身縫合位置
別布
18
別布
表布
壓線
26

原寸紙型
A 面

後袋布1片
（表布・鋪棉・裡布）

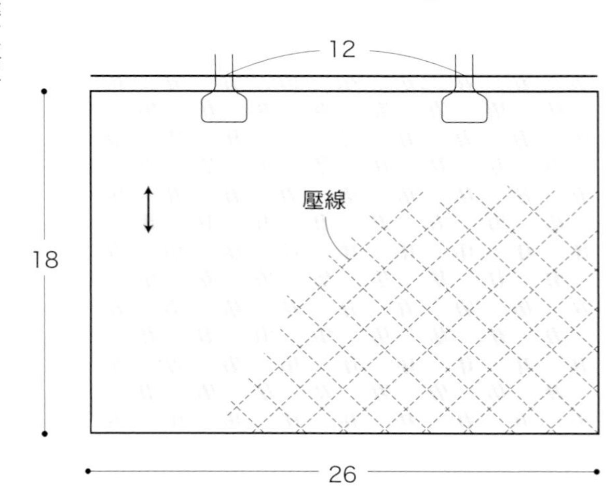
12
壓線
18
26

1 拼接，製作各列
縫合後製作表布

①縫合。
②倒向顏色深的方向。
③縫合。
④縫合。

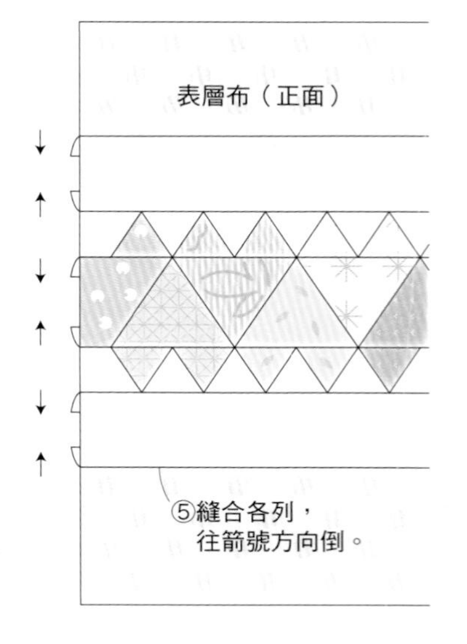
表層布（正面）
⑤縫合各列，
往箭號方向倒。

2 **重疊表層布與裡布、鋪棉後縫合周圍。**

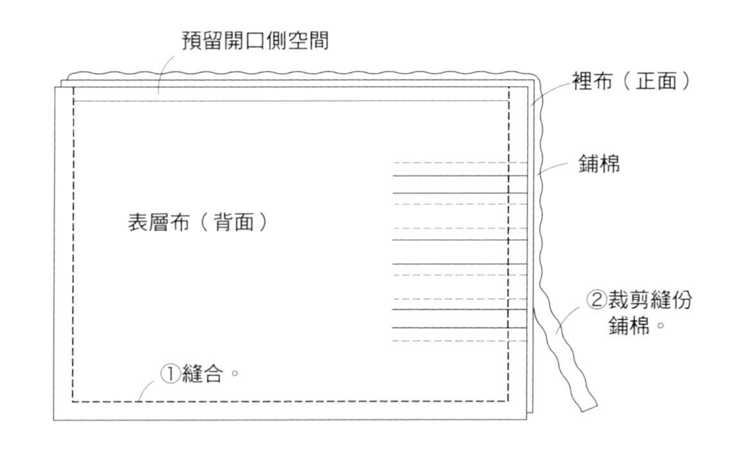
預留開口側空間
裡布（正面）
鋪棉
表層布（背面）
②裁剪縫份
鋪棉。
①縫合。

3 **翻至正面，壓線。開口滾邊。**

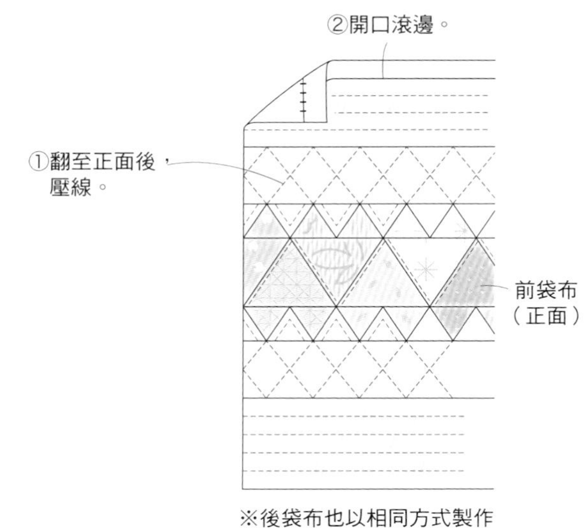
②開口滾邊。
①翻至正面後，
壓線。
前袋布
（正面）

※後袋布也以相同方式製作

4 **側身以相同方式重疊縫合，翻至正面，壓線。**

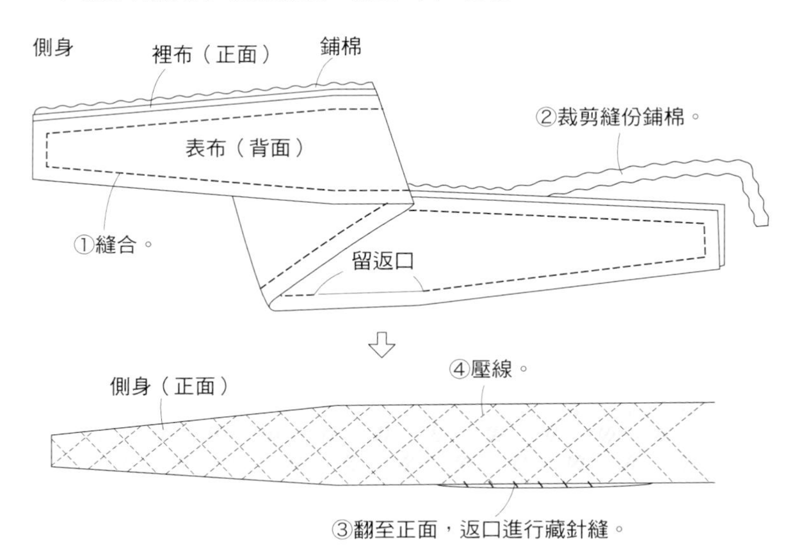
側身
裡布（正面）
鋪棉
②裁剪縫份鋪棉。
表布（背面）
①縫合。
留返口
④壓線。
側身（正面）
③翻至正面，返口進行藏針縫。

5 **對齊袋布與側身，以細針趾進行捲針縫縫合。**

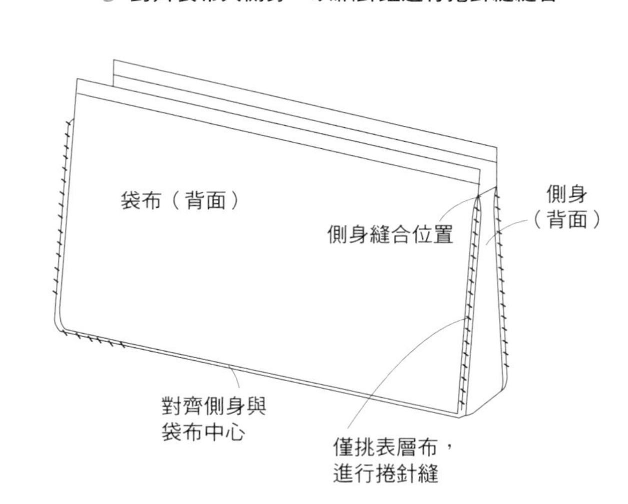
袋布（背面）
側身縫合位置
側身
（背面）
對齊側身與
袋布中心
僅挑表層布，
進行捲針縫

6 **裝上拉鍊。邊端縫上包釦。**

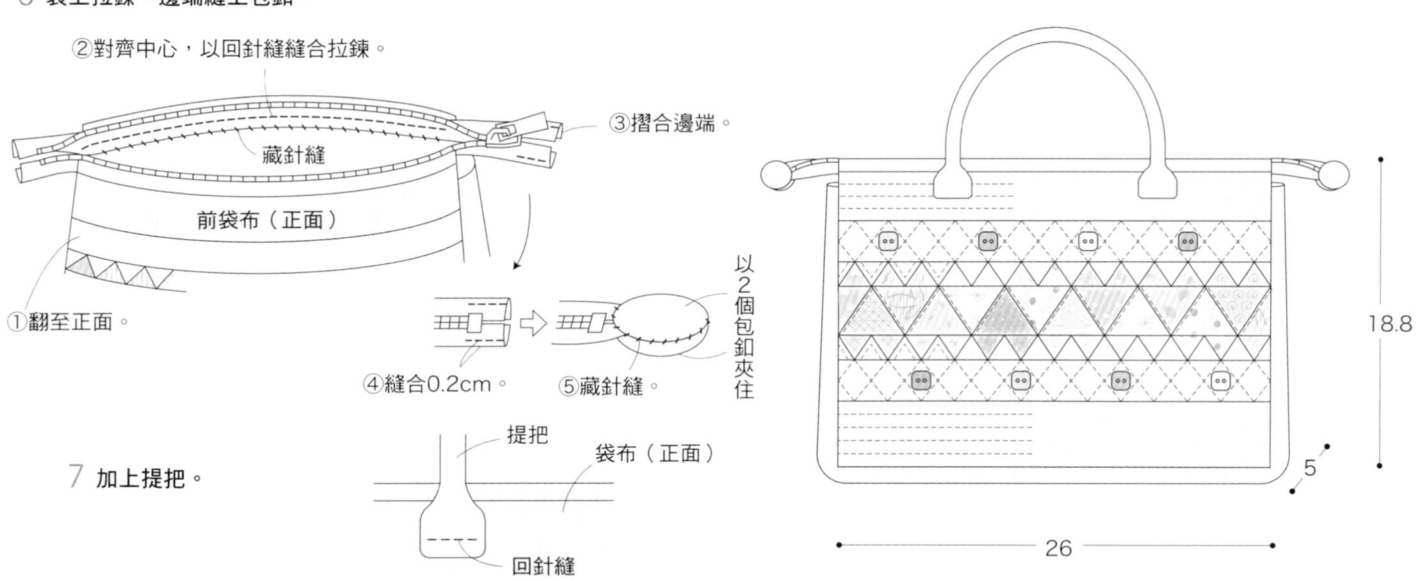
②對齊中心，以回針縫縫合拉鍊。
③摺合邊端。
藏針縫
前袋布（正面）
①翻至正面。
以2個包釦夾住
④縫合0.2cm。
⑤藏針縫。
提把
袋布（正面）
回針縫
18.8
5
26

7 **加上提把。**

內側口袋多，方便好用。

側背式錢包

忘了帶錢包是很可怕的事呢！手作的側背式錢包，隨時都帶在身上，讓人安心，是適合外出使用的包款。

作法 P.72

長12cm×寬22.5cm

7

8

鋸齒圖案側背包

最喜歡以傳統圖案設計拼布，編排圖案，今後也想作出各種不同造型的作品。

作法 P.16

長18cm×寬28cm

P.15 8 鋸齒圖案側背包

材料

拼布用布（印花布3種）各寬20cm 10cm
（灰色）寬20cm 30cm
（米色）寬30cm 10cm
表布（米色）寬65cm 30cm
鋪棉　寬65cm 25cm
裡布（印花布）寬85cm 25cm
拉鍊（28cm）1條
包釦（直徑2.4cm）2個
D形環（內尺寸1cm）2個
25號繡線（淺棕色）
肩背帶1條
流蘇 1個

原寸紙型
A面

前袋布1片（表層布・鋪棉・裡布）

貼邊布2片（表布）

僅裡布貼邊
1
拉鍊開口
2.5
表布
表布
18
表布
邊1.5cm
四角形壓線
28

後袋布1片（表層布・鋪棉・裡布）

拉鍊開口
1.5
2
1
1
壓線
18
釦絆縫合位置
28

1 拼接。與表布縫合後製作表層布。進行刺繡。

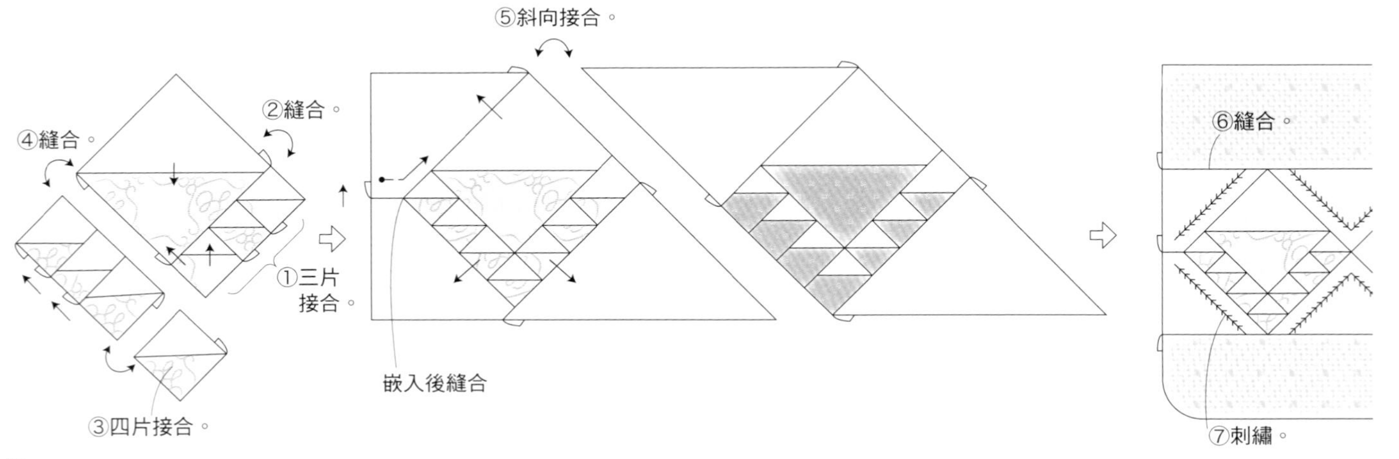
⑤斜向接合。
②縫合。
④縫合。
①三片
接合。
③四片接合。
嵌入後縫合
⑥縫合。
⑦刺繡。

2 縫合裡布與貼邊布。重疊表層布與裡布、鋪棉，縫合周圍。

3 翻至正面，壓線。

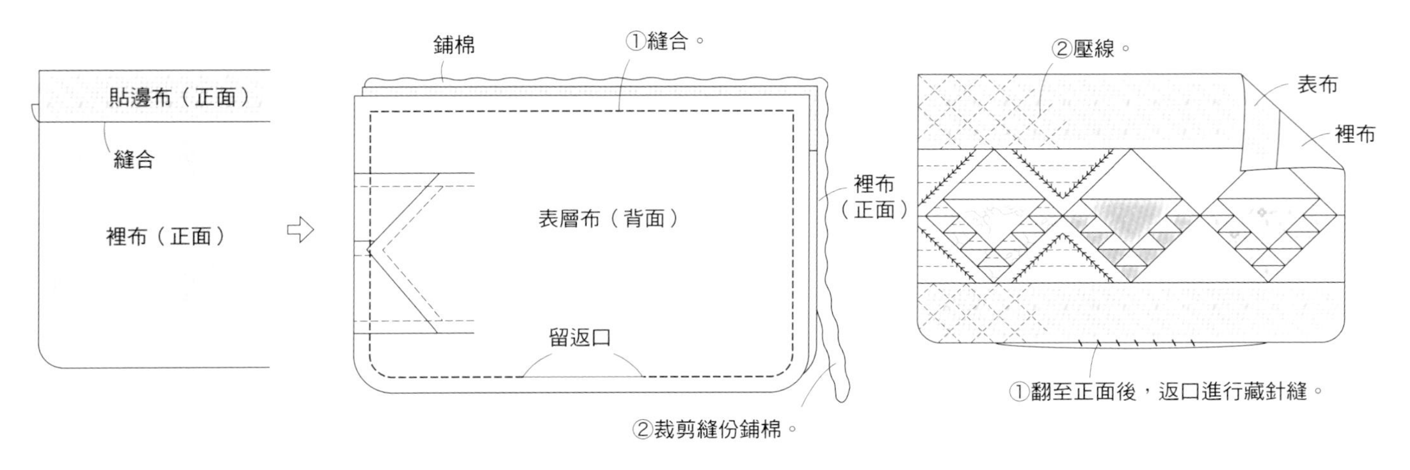

貼邊布（正面）
縫合
裡布（正面）
鋪棉
①縫合。
表層布（背面）
裡布
（正面）
留返口
②裁剪縫份鋪棉。
②壓線。
表布
裡布
①翻至正面後，返口進行藏針縫。

4 縫合內口袋周圍。

5 翻至正面，縫合裡布。

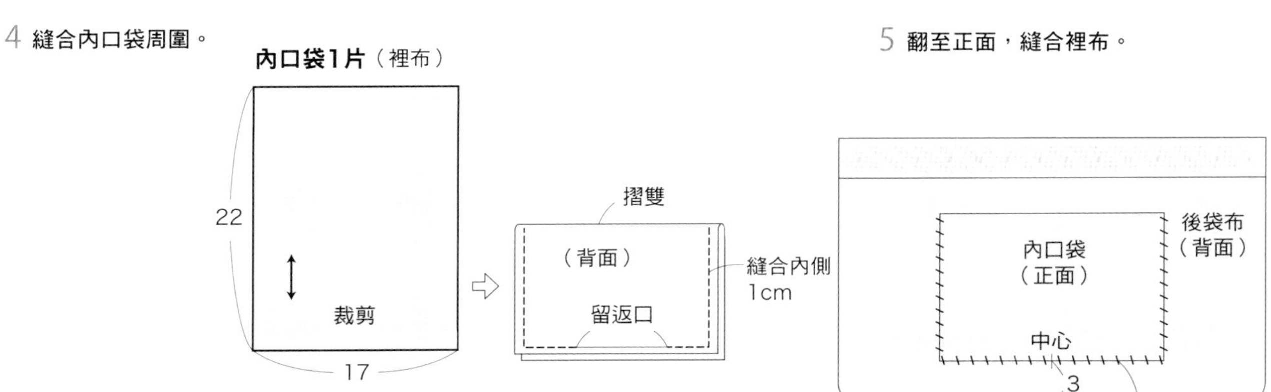

內口袋1片（裡布）
22
17
裁剪
摺雙
（背面）
留返口
縫合內側
1cm
後袋布
（背面）
內口袋
（正面）
中心
3
藏針縫

6 袋布周圍以細針趾進行捲針縫。

袋布（正面）

袋布（背面）

僅挑外表層布，進行捲針縫

7 加上拉鍊。

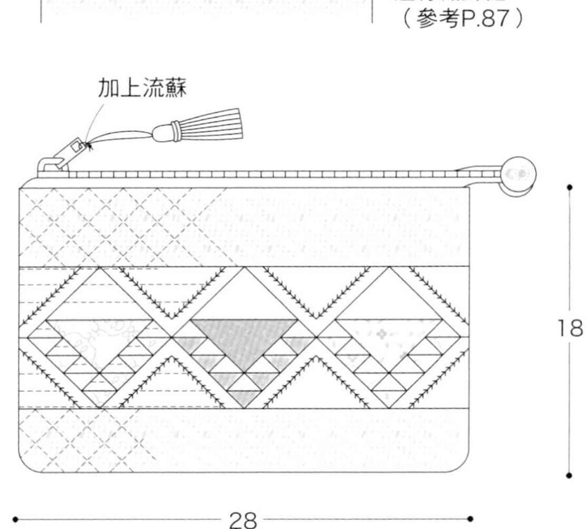

拉鍊進行直針藏針縫
摺邊端
藏針縫
1
1
翻至正面
袋布（正面）
以兩個包釦夾住
進行藏針縫
（參考P.87）
加上流蘇
18
28

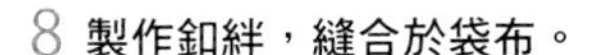

8 製作釦絆，縫合於袋布。

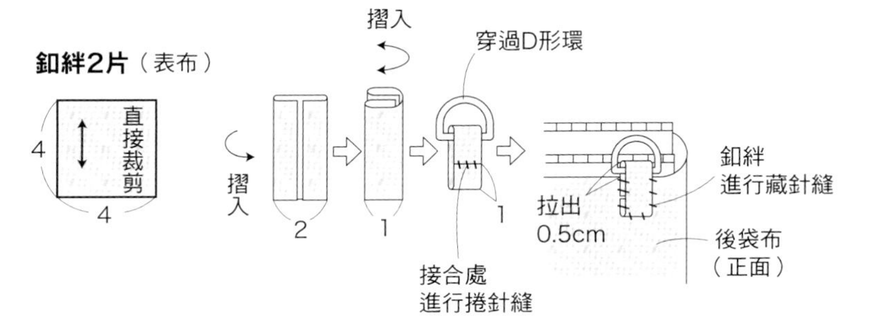

釦絆2片（表布）
直接裁剪
4
4
摺入
2
1
穿過D形環
1
拉出
0.5cm
接合處
進行捲針縫
釦絆
進行藏針縫
後袋布
（正面）

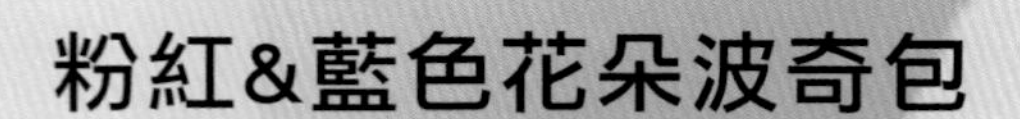

粉紅&藍色花朵波奇包

客人經常問我：「有什麼作品是步驟簡單就能完成的呢？」這個是很難的問題，我經常為了要怎麼回覆感到困擾。我想，不需要滾邊就能完成的波奇包，作法簡單，十分適合初學者。

作法 P.26

長13cm×寬20cm×側身7cm

9

對齊花朵貼布縫，
拉鍊也以花朵造型裝飾。

櫻桃波奇包

立體造型的櫻桃及葉子十分可愛，葉子的作法簡單，可以使用在各種作品上作為裝飾。

作法 10／P.75

長9cm×寬12cm×側身2.8cm

作法 11／P.20

長11.8cm×寬20cm×側身4cm

10
11
MARGUERITE DURAS
L'AMOUR

P.19 11 櫻桃波奇包

材料

拼布用布　寬合計40cm 20cm
表布（水藍色）寬40cm 25cm
櫻桃葉子（綠色）寬10cm 10cm
櫻花果實（紅色）寬10cm 10cm
拉鍊裝飾布　寬5cm 5cm
鋪棉　寬25cm 30cm
裡布（印花布）　寬25cm 30cm
拉鍊裝飾　寬5cm 5cm
滾邊布 寬3.5cm 45cm斜紋布
拉鍊（20cm）1條
蠟線（粗0.1cm）8cm
包釦（直徑1.5cm）4個

原寸紙型
A面

袋布1片（表層布・鋪棉・裡布）

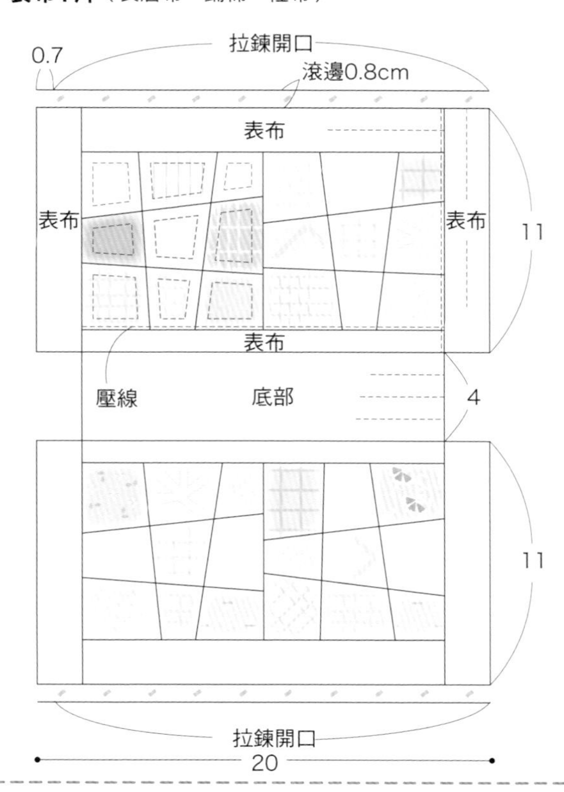

0.7
拉鍊開口
滾邊0.8cm
表布
表布
表布
11
表布
壓線
底部
4
26
11
拉鍊開口
20

1 拼接。

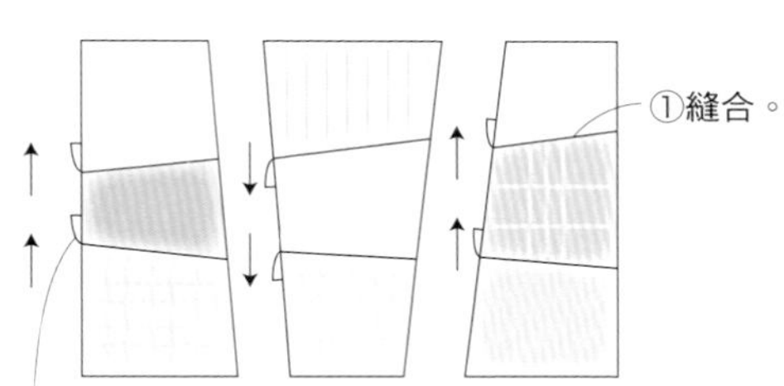

①縫合。
②縫份倒向箭頭方向。

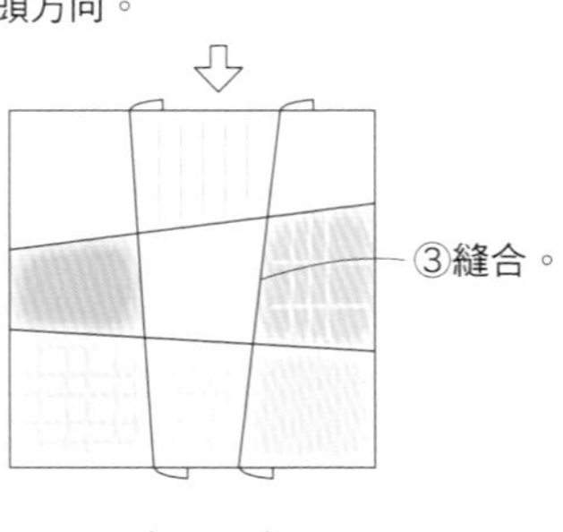

③縫合。

2 縫合表布，製作表層布。

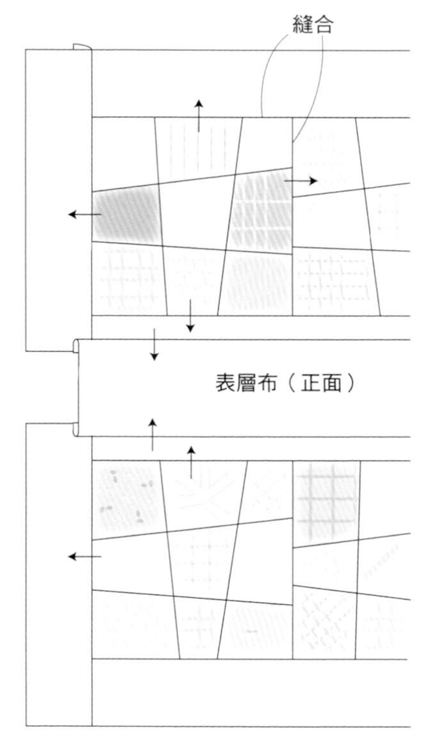

縫合
表層布（正面）

3 重疊表層布與鋪棉、裡布，壓線。

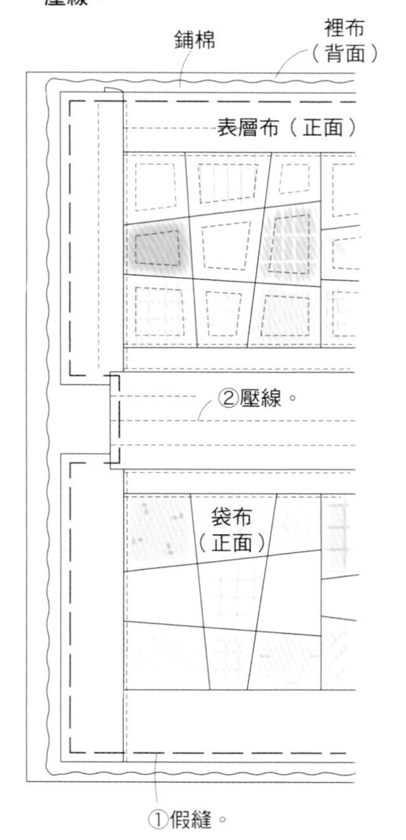

鋪棉
裡布（背面）
表層布（正面）
②壓線。
袋布（正面）
①假縫。

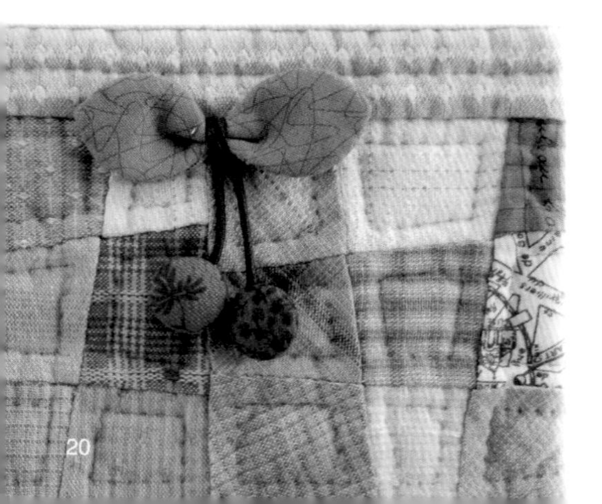

4 縫合袋布脇邊，以縫份包邊。

5 縫合側身，以裡布包覆。

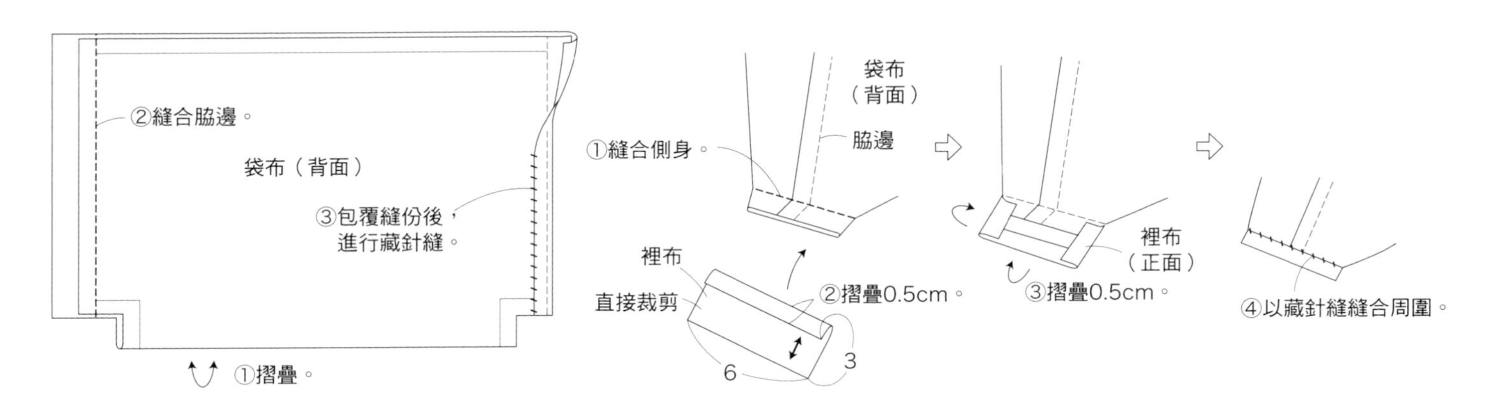
②縫合脇邊。
袋布（背面）
③包覆縫份後，進行藏針縫。
①摺疊。
袋布（背面）
①縫合側身。
脇邊
裡布
直接裁剪
②摺疊0.5cm。
6
3
裡布（正面）
③摺疊0.5cm。
④以藏針縫縫合周圍。

6 滾邊開口。

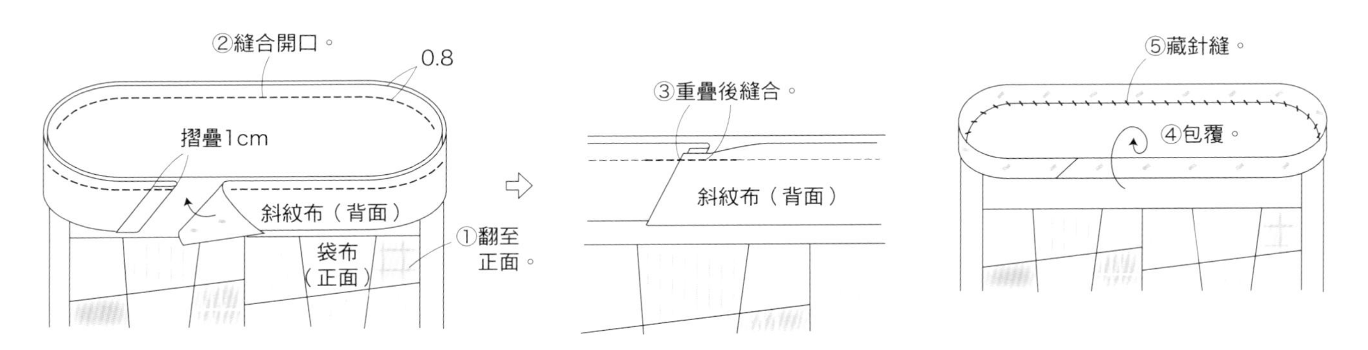
②縫合開口。
0.8
摺疊1cm
斜紋布（背面）
袋布（正面）
①翻至正面。
③重疊後縫合。
斜紋布（背面）
⑤藏針縫。
④包覆。

7 製作櫻桃葉子，以繩子打結。製作果實，縫合固定。

8 加上拉鍊。

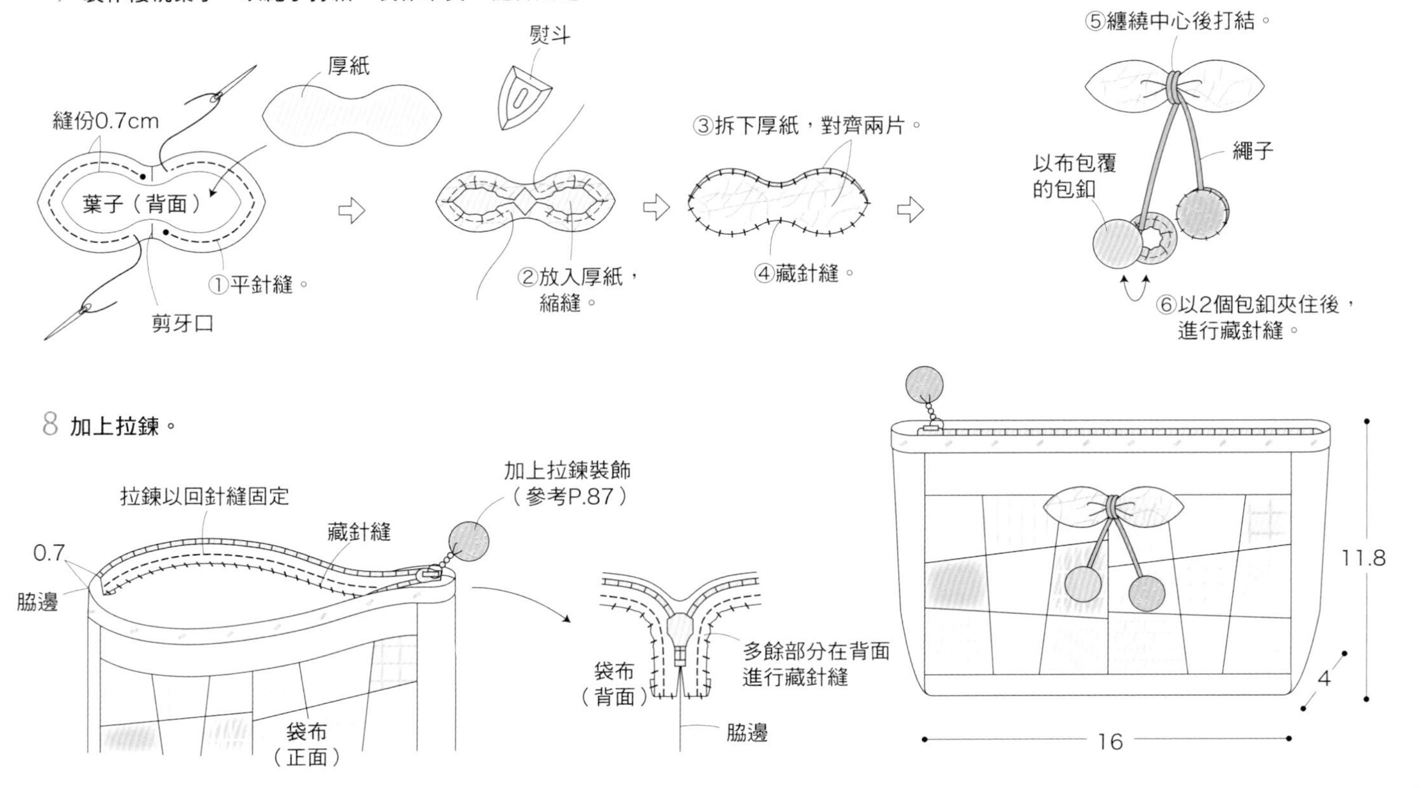
熨斗
厚紙
縫份0.7cm
葉子（背面）
①平針縫。
剪牙口
②放入厚紙，縮縫。
③拆下厚紙，對齊兩片。
④藏針縫。
⑤纏繞中心後打結。
繩子
以布包覆的包釦
⑥以2個包釦夾住後，進行藏針縫。
拉鍊以回針縫固定
加上拉鍊裝飾（參考P.87）
藏針縫
0.7
脇邊
袋布（正面）
袋布（背面）
多餘部分在背面進行藏針縫
脇邊
11.8
4
16

心形yoyo波奇包

在休士頓的拼布節，忍不住會大量地衝動購買。
在眾多的商品中，發現了一塊中空的心形鐵板嵌入yoyo拼布。
讓我有了作此作品的想法，
看來衝動購買也不是件壞事啊！

作法 P.27

長10.7cm×寬20cm×側身7cm

12

拉鍊裝飾的yoyo拼布。

背面也是心形與yoyo拼布圖案。

背面也有刺繡。

花朵貼布縫&
刺繡長形波奇包

這是以前製作過的自己很喜歡的包款，重新再設計製作，是讓人會一直想使用的包款。

作法 P.24

長9cm×寬22cm×側身8.5cm

13

P.23 13 花朵貼布縫&刺繡長形波奇包

材料

表布（米色素色）寬65cm 25cm
貼布縫・裝飾布 適量
鋪棉　寬65cm 25cm
裡布（印花布）寬65cm 25cm
拉鍊（25cm）1條
蠟線（粗0.2cm）20cm
25號繡線（棕色・土黃色）
裝飾串珠　1個
圓形大串珠　1個
※刺繡參考P.87。

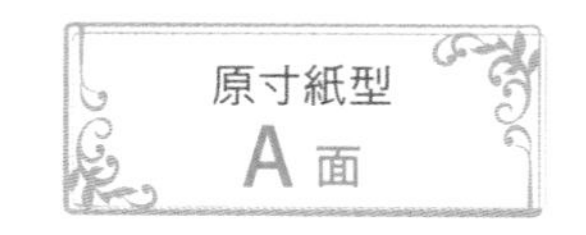

原寸紙型
A 面

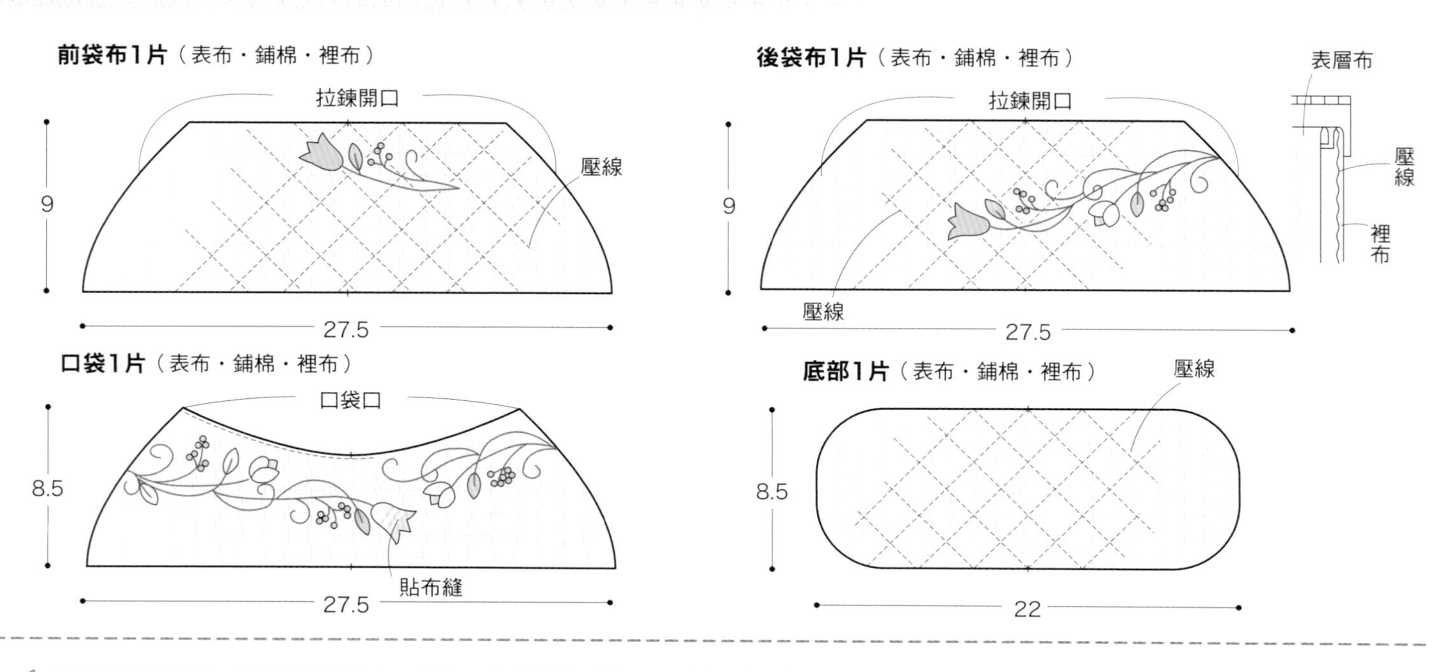

前袋布1片（表布・鋪棉・裡布）
拉鍊開口
壓線
9
27.5
後袋布1片（表布・鋪棉・裡布）
拉鍊開口
9
壓線
27.5
表層布
壓線
裡布
口袋1片（表布・鋪棉・裡布）
口袋口
8.5
貼布縫
27.5
底部1片（表布・鋪棉・裡布）
壓線
8.5
22

1 表布進行貼布縫。重疊表布與裡布、鋪棉，縫合周圍。翻至正面後壓線。袋布、口袋、底部以相同方式製作。

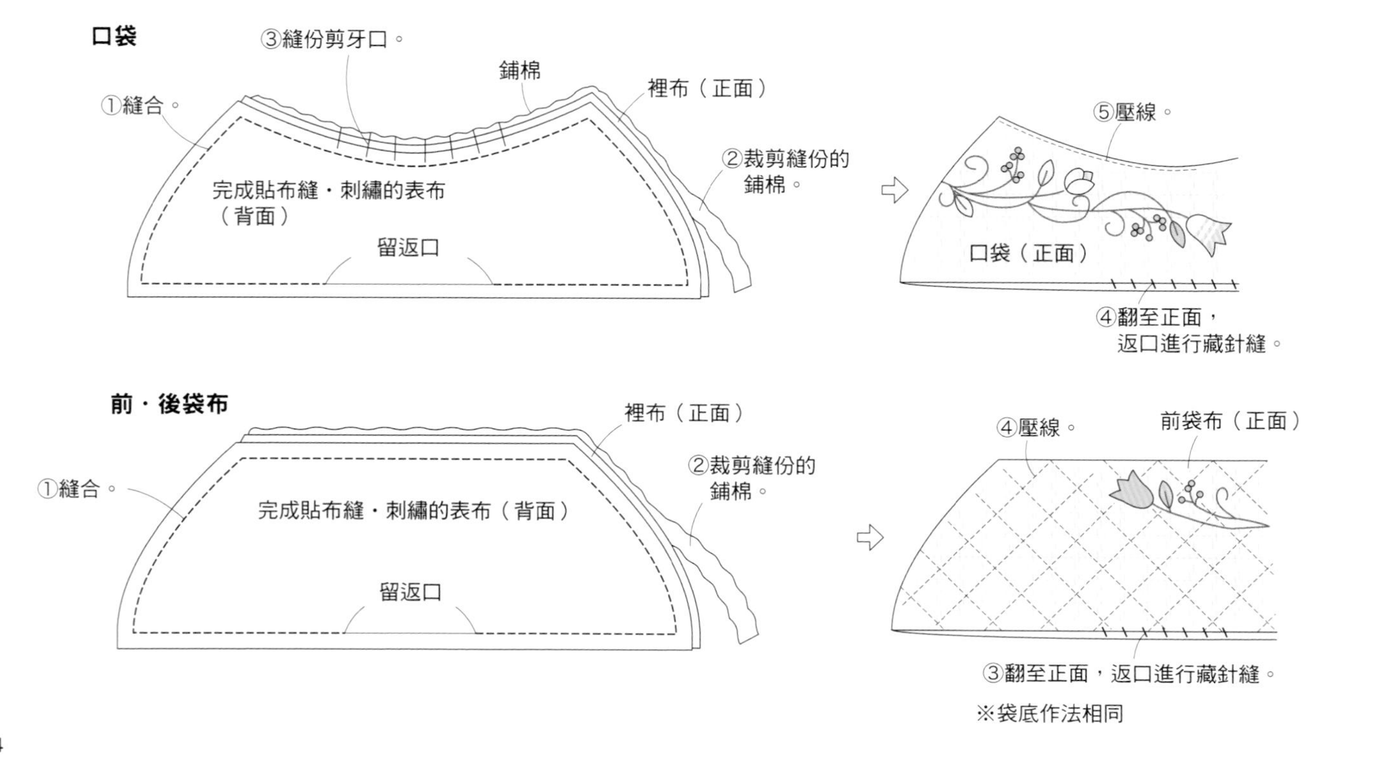

口袋
③縫份剪牙口。
鋪棉
裡布（正面）
①縫合。
②裁剪縫份的鋪棉。
完成貼布縫・刺繡的表布（背面）
留返口
⑤壓線。
口袋（正面）
④翻至正面，返口進行藏針縫。
前・後袋布
裡布（正面）
①縫合。
②裁剪縫份的鋪棉。
完成貼布縫・刺繡的表布（背面）
留返口
④壓線。
前袋布（正面）
③翻至正面，返口進行藏針縫。
※袋底作法相同

2 重疊前袋布與口袋，進行藏針縫。

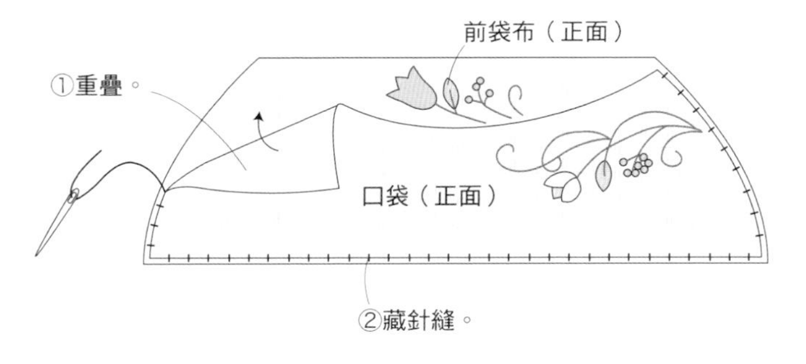
前袋布（正面）
①重疊。
口袋（正面）
②藏針縫。

3 袋布縫上拉鍊。脇邊細針趾以捲針縫縫合。

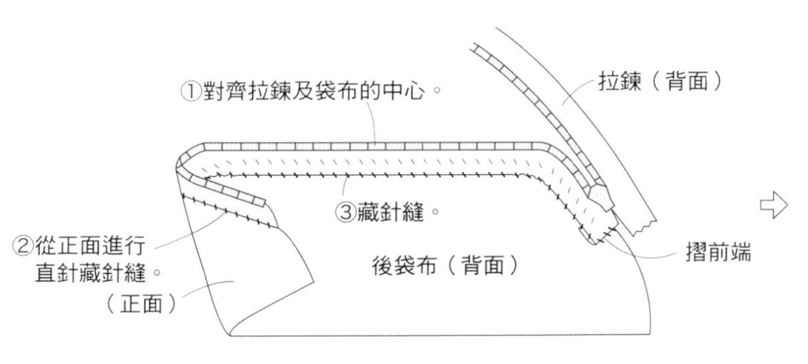
①對齊拉鍊及袋布的中心。
拉鍊（背面）
③藏針縫。
②從正面進行
直針藏針縫。
後袋布（背面）
摺前端
（正面）

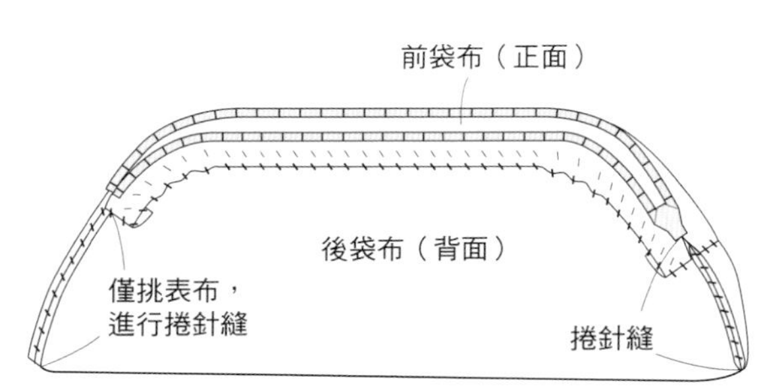
前袋布（正面）
後袋布（背面）
僅挑表布，
進行捲針縫
捲針縫

4 袋布與底部以細針趾進行捲針縫合。

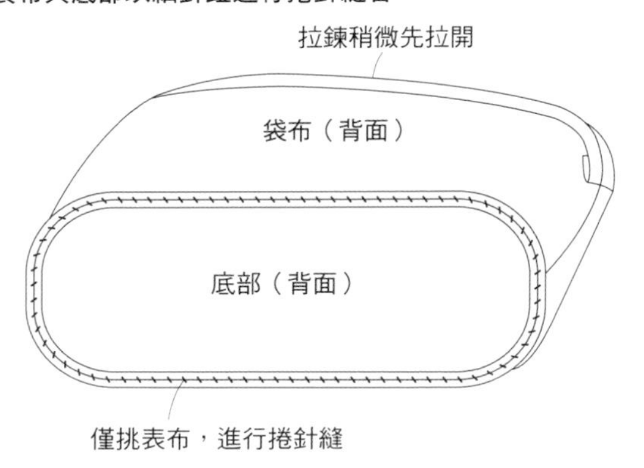
拉鍊稍微先拉開
袋布（背面）
底部（背面）
僅挑表布，進行捲針縫

5 製作釦絆，縫於袋布。

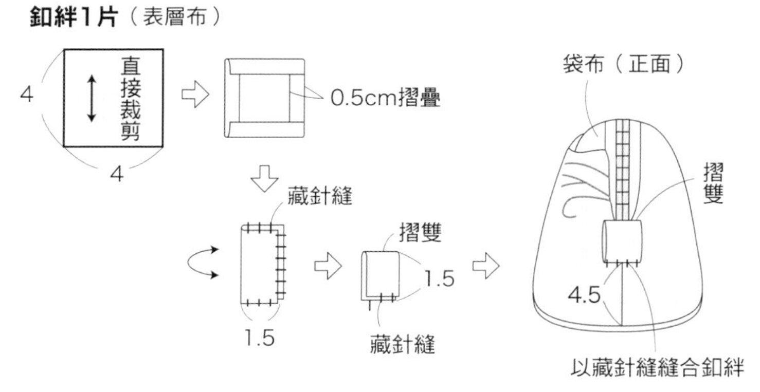
釦絆1片（表層布）
4
直接裁剪
4
0.5cm摺疊
藏針縫
摺雙
1.5
1.5
藏針縫
袋布（正面）
摺雙
4.5
以藏針縫縫合釦絆

6 製作拉鍊前端裝飾。

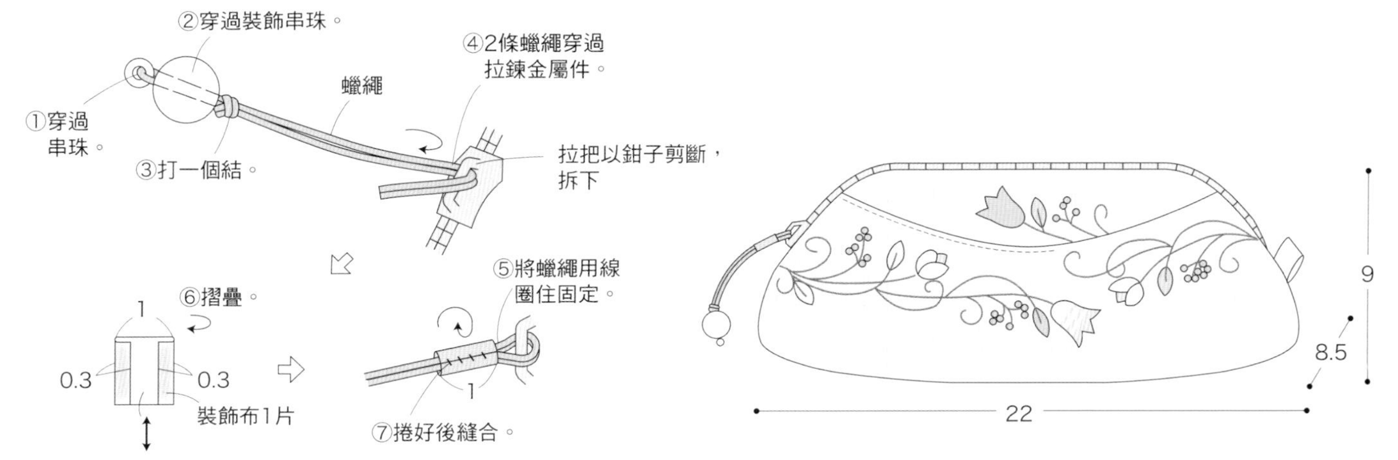
②穿過裝飾串珠。
④2條蠟繩穿過
拉鍊金屬件。
蠟繩
①穿過
串珠。
③打一個結。
拉把以鉗子剪斷，
拆下
⑤將蠟繩用線
圈住固定。
⑥摺疊。
1
0.3
0.3
裝飾布1片
1
⑦捲好後縫合。
9
8.5
22

P.18 9 粉紅&藍色花朵波奇包

材料

貼布縫用布 適量
表布（米色）寬50cm 25cm
鋪棉　寬50cm 25cm
裡布（印花布）寬50cm 25cm
拉鍊（30cm）1條
織布（寬1cm）10cm
裝飾（直徑3.5cm）1個
鈕釦（直徑1cm）1個

原寸紙型
A面

前袋布1片（表層布・鋪棉・裡布）

拉鍊開口
中心
表布
13
20
貼布縫

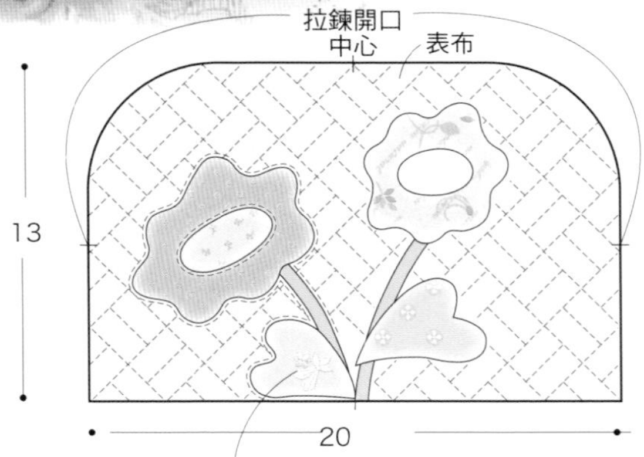

後袋布1片（表層布・鋪棉・裡布）

拉鍊開口
中心
13
20

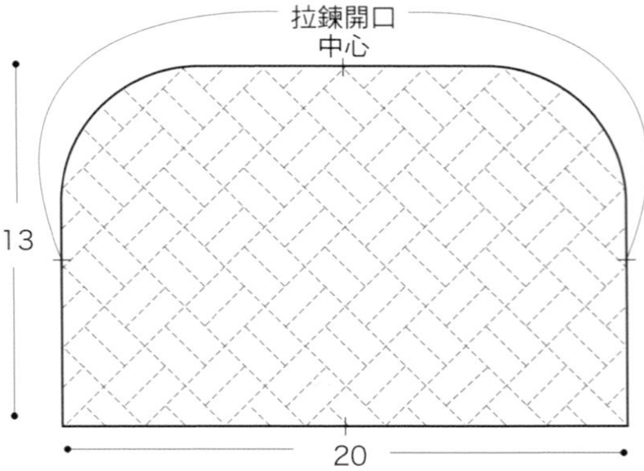

底部1片（表布・鋪棉・裡布）

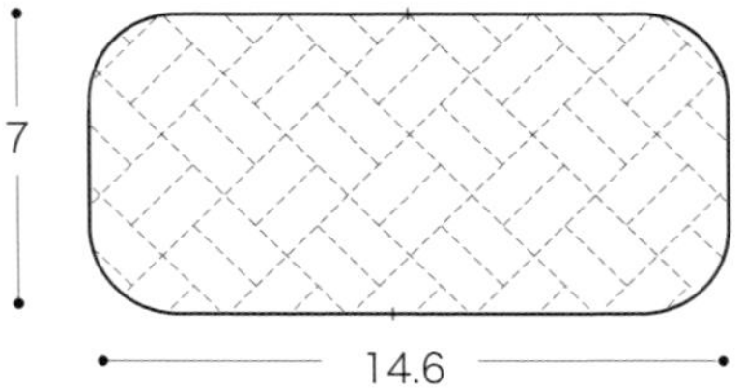

7
14.6

1 表布進行貼布縫。重疊表層布與裡布、鋪棉，縫合周圍。

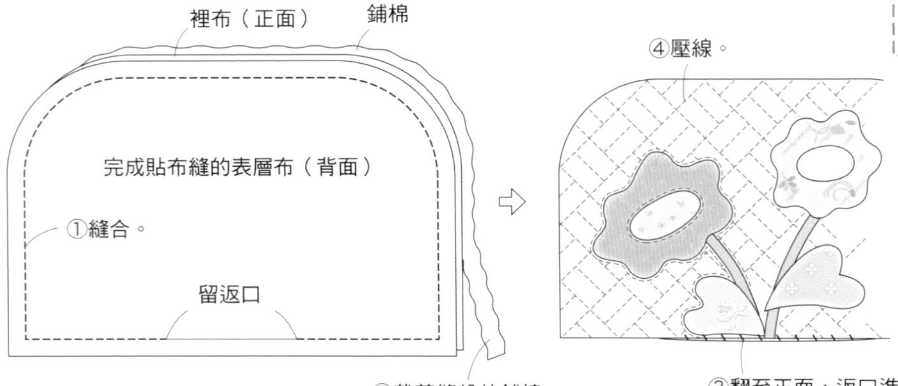

裡布（正面）
鋪棉
完成貼布縫的表層布（背面）
①縫合。
留返口
②裁剪縫份的鋪棉。
④壓線。
③翻至正面，返口進行藏針縫。

2 底部以相同方式縫合，壓線。

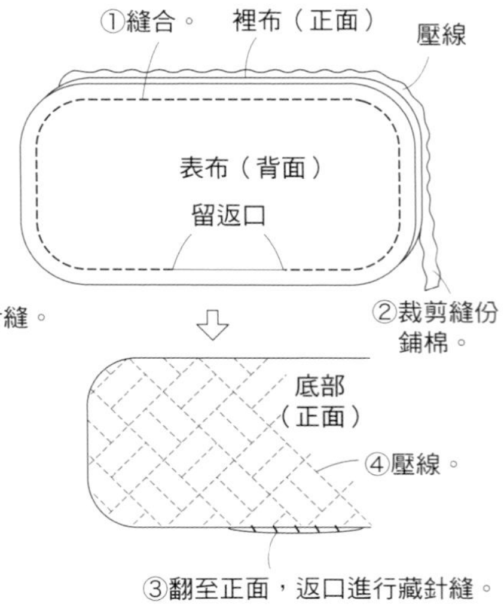

①縫合。
裡布（正面）
壓線
表布（背面）
留返口
②裁剪縫份鋪棉。
底部（正面）
④壓線。
③翻至正面，返口進行藏針縫。

3 袋布加上拉鍊。

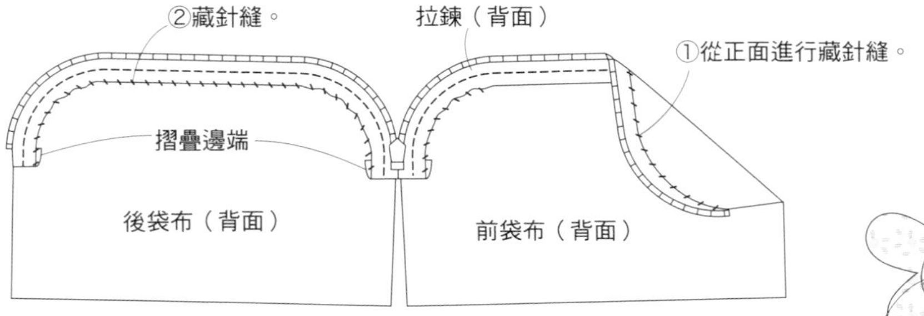

②藏針縫。
拉鍊（背面）
①從正面進行藏針縫。
摺疊邊端
後袋布（背面）
前袋布（背面）

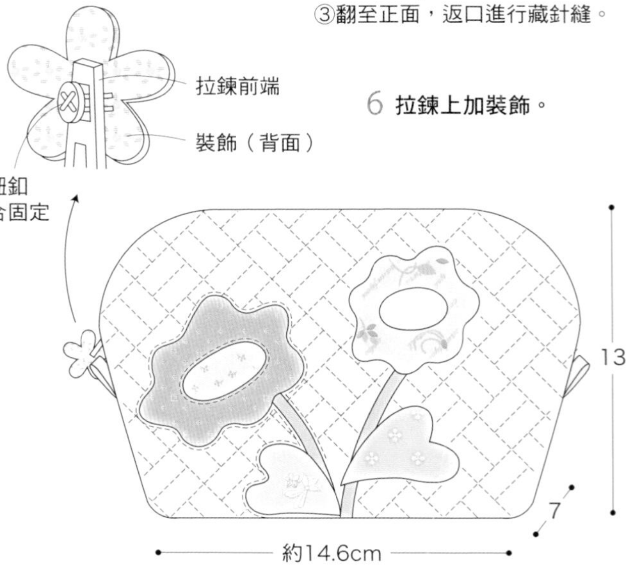

4 袋布脇邊、底部以細針趾進行捲針縫。

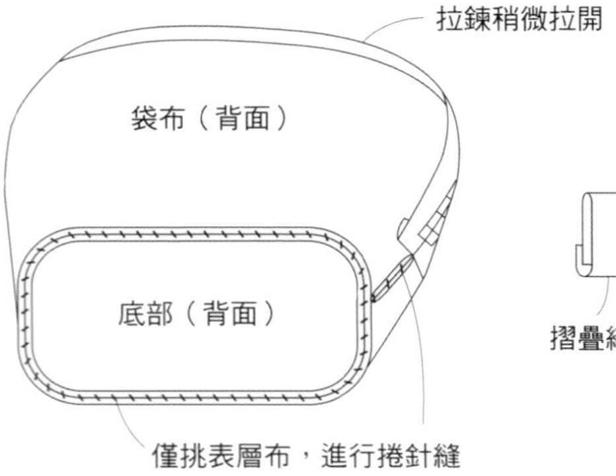

拉鍊稍微拉開
袋布（背面）
底部（背面）
僅挑表層布，進行捲針縫

5 縫合固定織帶。

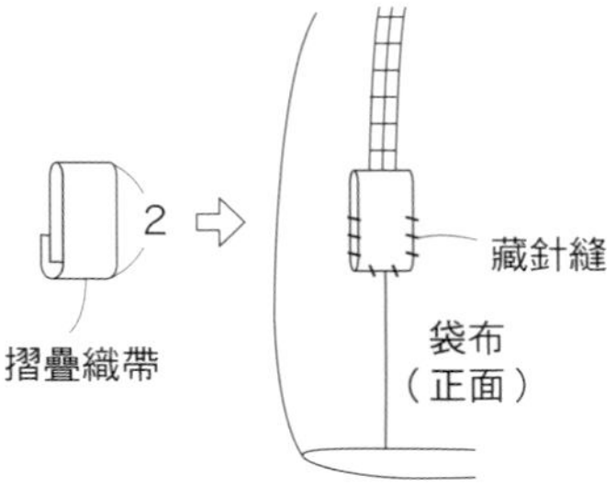

2
摺疊織帶
藏針縫
袋布（正面）

6 拉鍊上加裝飾。

拉鍊前端
裝飾（背面）
以鈕釦縫合固定
13
7
約14.6cm

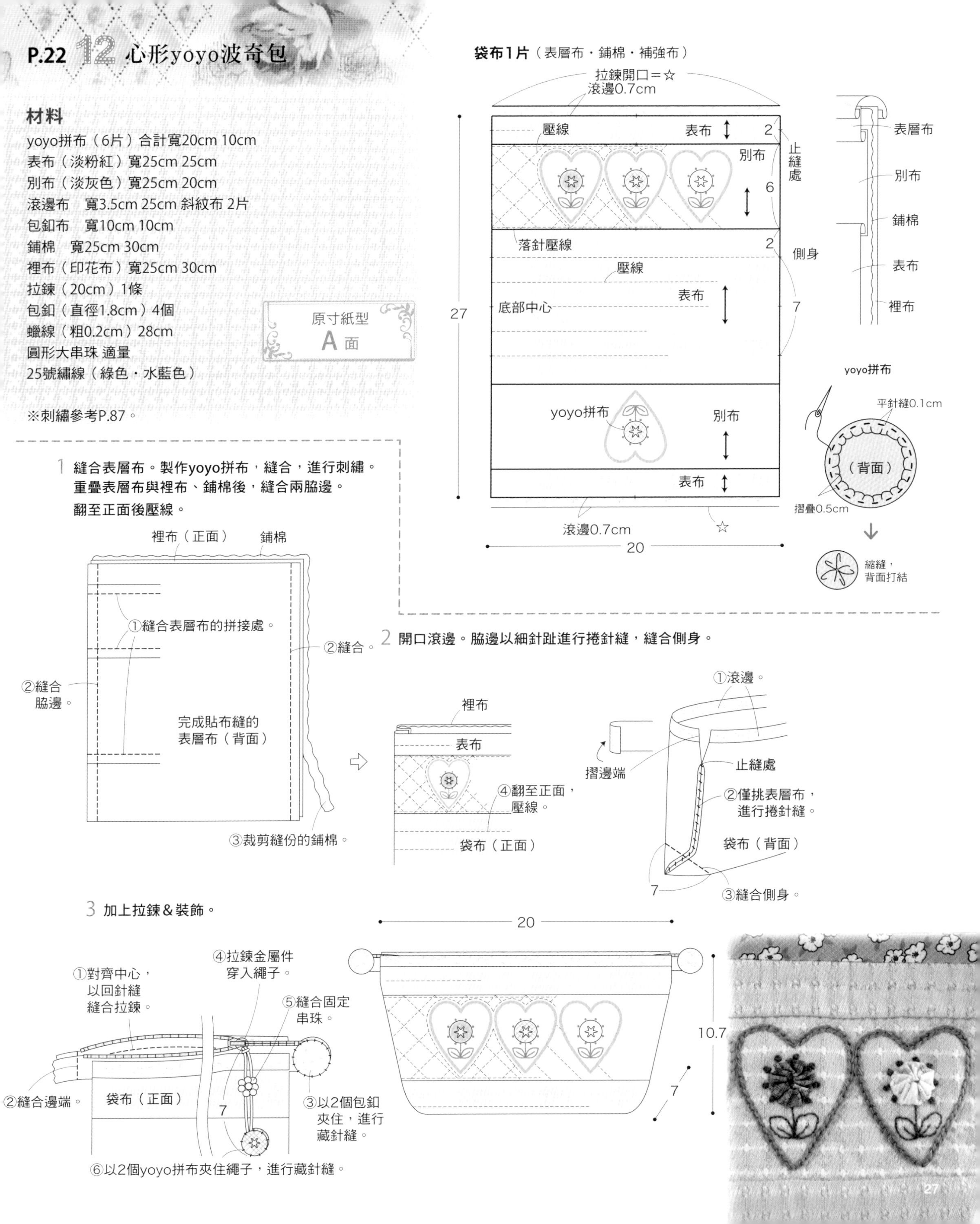

P.22 12 心形yoyo波奇包

材料

yoyo拼布（6片）合計寬20cm 10cm
表布（淡粉紅）寬25cm 25cm
別布（淡灰色）寬25cm 20cm
滾邊布　寬3.5cm 25cm 斜紋布 2片
包釦布　寬10cm 10cm
鋪棉　寬25cm 30cm
裡布（印花布）寬25cm 30cm
拉鍊（20cm）1條
包釦（直徑1.8cm）4個
蠟線（粗0.2cm）28cm
圓形大串珠 適量
25號繡線（綠色・水藍色）

※刺繡參考P.87。

原寸紙型 A面

1 縫合表層布。製作yoyo拼布，縫合，進行刺繡。重疊表層布與裡布、鋪棉後，縫合兩脇邊。翻至正面後壓線。

2 開口滾邊。脇邊以細針趾進行捲針縫，縫合側身。

3 加上拉鍊&裝飾。

袋布1片（表層布・鋪棉・補強布）
拉鍊開口＝☆
滾邊0.7cm
壓線
表布
2
別布
止縫處
6
落針壓線
側身
底部中心
27
7
yoyo拼布
滾邊0.7cm
☆
20
表層布
別布
鋪棉
表布
裡布
yoyo拼布
平針縫0.1cm
（背面）
摺疊0.5cm
縮縫，背面打結
裡布（正面）
鋪棉
①縫合表層布的拼接處。
②縫合。
②縫合脇邊。
完成貼布縫的表層布（背面）
③裁剪縫份的鋪棉。
裡布
表布
④翻至正面，壓線。
袋布（正面）
摺邊端
①滾邊。
止縫處
②僅挑表層布，進行捲針縫。
袋布（背面）
③縫合側身。
①對齊中心，以回針縫縫合拉鍊。
④拉鍊金屬件穿入繩子。
⑤縫合固定串珠。
②縫合邊端。
袋布（正面）
③以2個包釦夾住，進行藏針縫。
⑥以2個yoyo拼布夾住繩子，進行藏針縫。
10.7

圓點波奇包

排列整齊的圓點，就像是色彩繽紛的彈珠。是我回想起單純的孩提時光，彈珠閃閃發亮的美麗模樣，設計而成的作品。

作法 P.30

長14.5㎝×寬22㎝×側身6㎝

後片以圓點布壓線，
並縫上3片圓形貼布縫作為裝飾。

14

15

色鉛筆圖案波奇包

明亮活潑的波奇包圖案，非常有趣。可以放入裁縫工具或鉛筆及原子筆、化妝品……喜歡的東西使用。

作法 P.76

長12.8cm×寬24cm

P.28 14 圓點波奇包

材料

貼布縫用布 適量
表布（米色素色）寬35cm 25cm
別布（米色圓點）寬35cm 25cm
鋪棉　寬35cm 40cm
裡布（印花布）寬35cm 40cm
拉鍊（18cm）1條
蕾絲（寬1.2cm）40cm
包釦（直徑2.1cm）2個
蠟線（粗0.3cm）18cm
25號繡線（深棕色）

原寸紙型
A面

※刺繡參考P.87。
※包釦紙型與5.相同，片數2片。

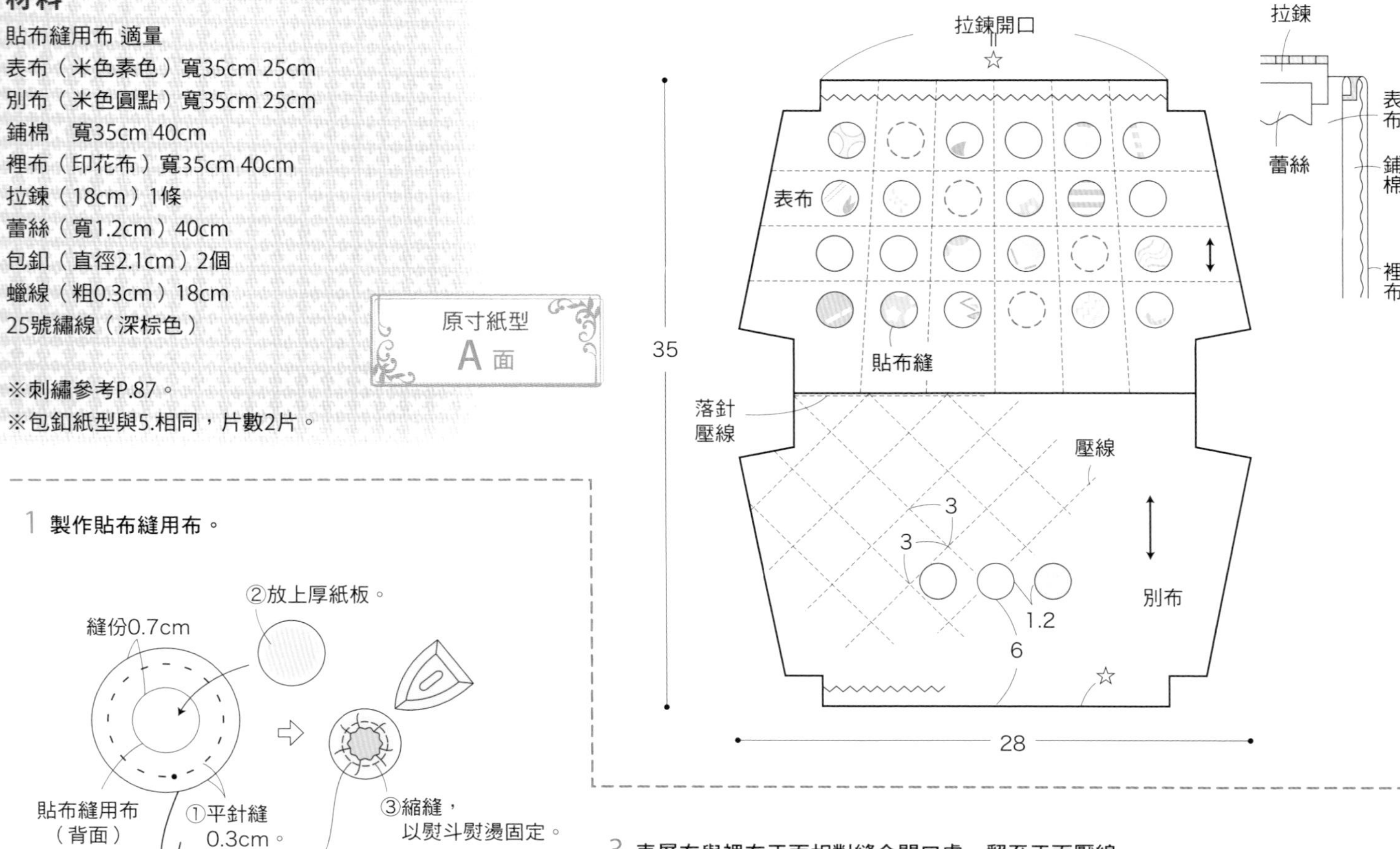

袋布1片（表層布・鋪棉・裡布）
拉鍊開口
拉鍊
表布
蕾絲
鋪棉
裡布
表布
貼布縫
35
落針壓線
壓線
3
3
1.2
6
別布
28
1 製作貼布縫用布。
②放上厚紙板。
縫份0.7cm
貼布縫用布（背面）
①平針縫 0.3cm。
③縮縫，以熨斗熨燙固定。

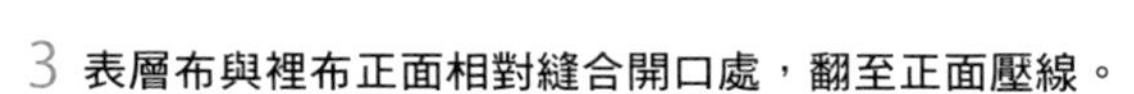

3 表層布與裡布正面相對縫合開口處，翻至正面壓線。

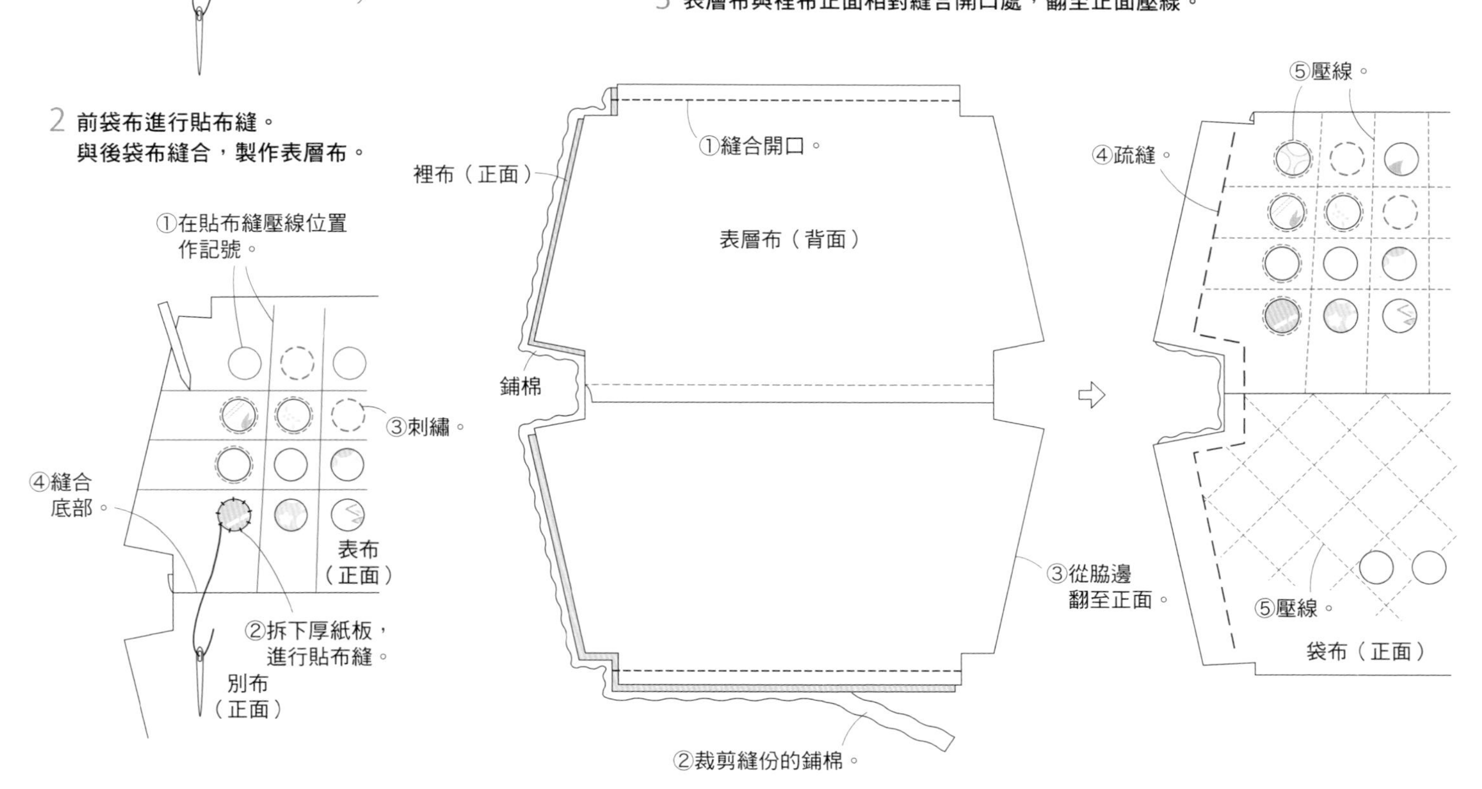

2 前袋布進行貼布縫。與後袋布縫合，製作表層布。
①在貼布縫壓線位置作記號。
③刺繡。
④縫合底部。
表布（正面）
②拆下厚紙板，進行貼布縫。
別布（正面）
①縫合開口。
裡布（正面）
表層布（背面）
鋪棉
③從脇邊翻至正面。
②裁剪縫份的鋪棉。
⑤壓線。
④疏縫。
⑤壓線。
袋布（正面）

4 縫合袋布的脇邊。以藏針縫縫合側身。

5 袋布上縫合拉鍊。

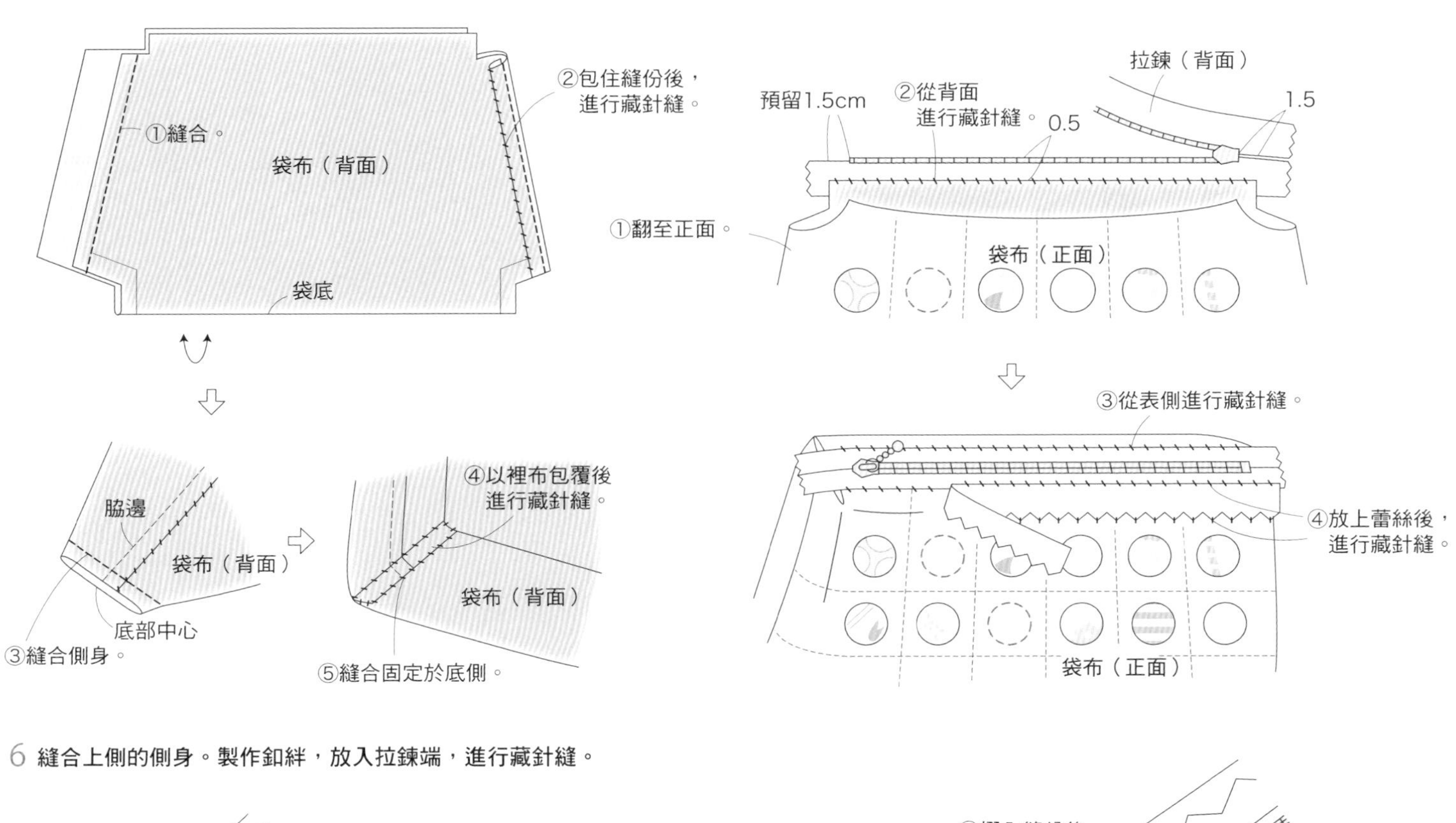
②包住縫份後，
進行藏針縫。
①縫合。
袋布（背面）
袋底
脇邊
袋布（背面）
底部中心
③縫合側身。
④以裡布包覆後
進行藏針縫。
袋布（背面）
⑤縫合固定於底側。
拉鍊（背面）
預留1.5cm
②從背面
進行藏針縫。
0.5
1.5
①翻至正面。
袋布（正面）
③從表側進行藏針縫。
④放上蕾絲後，
進行藏針縫。
袋布（正面）

6 縫合上側的側身。製作釦絆，放入拉鍊端，進行藏針縫。

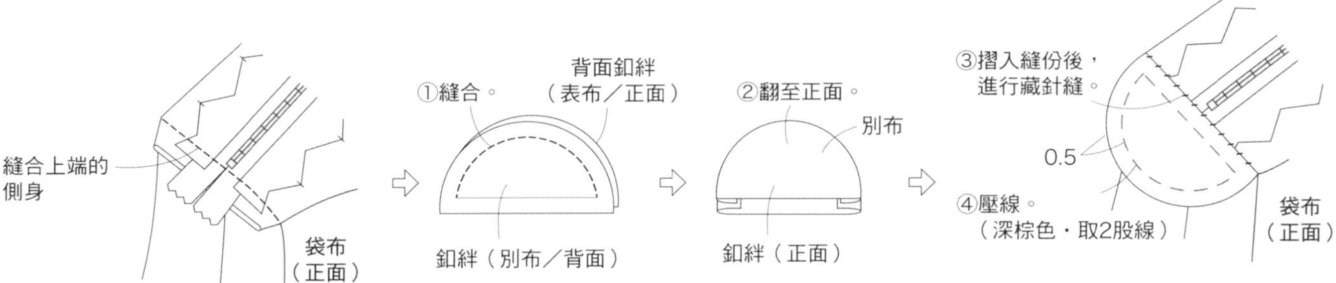
縫合上端的
側身
袋布
（正面）
①縫合。
背面釦絆
（表布／正面）
釦絆（別布／背面）
②翻至正面。
別布
釦絆（正面）
③摺入縫份後，
進行藏針縫。
0.5
④壓線。
（深棕色・取2股線）
袋布
（正面）

7 製作包釦，加上拉鍊金屬件。

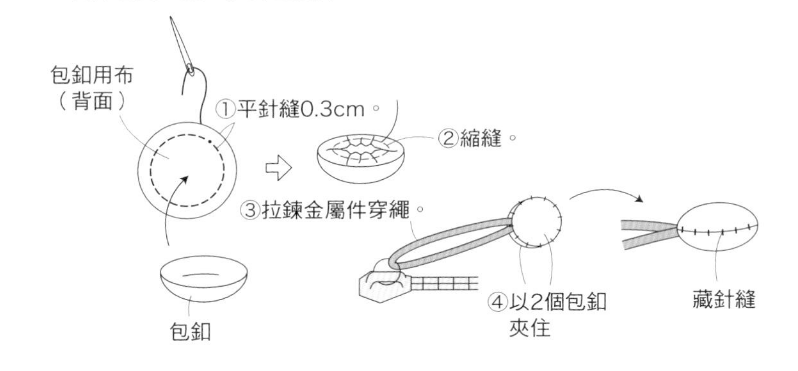
包釦用布
（背面）
①平針縫0.3cm。
②縮縫。
③拉鍊金屬件穿繩。
包釦
④以2個包釦
夾住
藏針縫

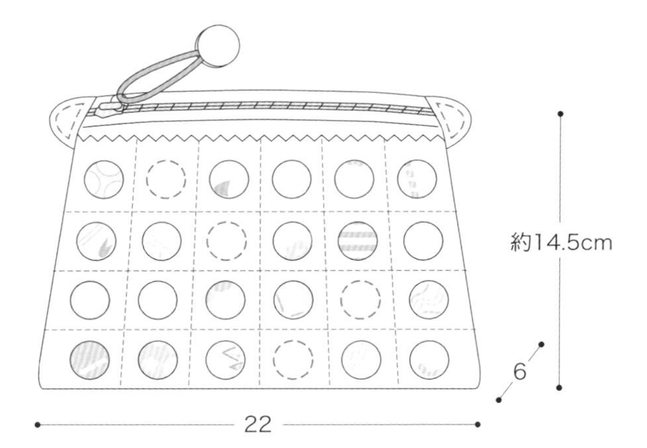
約14.5cm
6
22

16

阿蓋爾圖案波奇包

年輕時覺得阿蓋爾圖案很時尚，光是看到圖案就會覺得很興奮。方便使用的波奇包尺寸搭配阿蓋爾圖案，製作而成的作品。

作法 P.34

長15.1㎝×寬20㎝×側身4㎝

改變後側的配色。
印象也隨之而變，這一側的圖案也很新潮呢！

lip essence treatment
UV Base CC
17

浪漫條紋波奇包

在只有白與黑配色的國產先染布上，搭配美國moda公司的印花布。布料的搭配恰到好處，令人感動。

作法 P.35

長10.5㎝×寬17.5㎝

P.32 16 阿蓋爾圖案波奇包

材料

拼布用布（深色）合計 寬55cm 15cm
拼布用布（原色素色）寬30cm 10cm
表布（淡棕色）寬45cm 10cm
鋪棉　寬45cm 20cm
裡布（印花布）寬45cm 20cm
拉鍊（20cm）1條
包釦（直徑1.8cm）2個

原寸紙型 A面

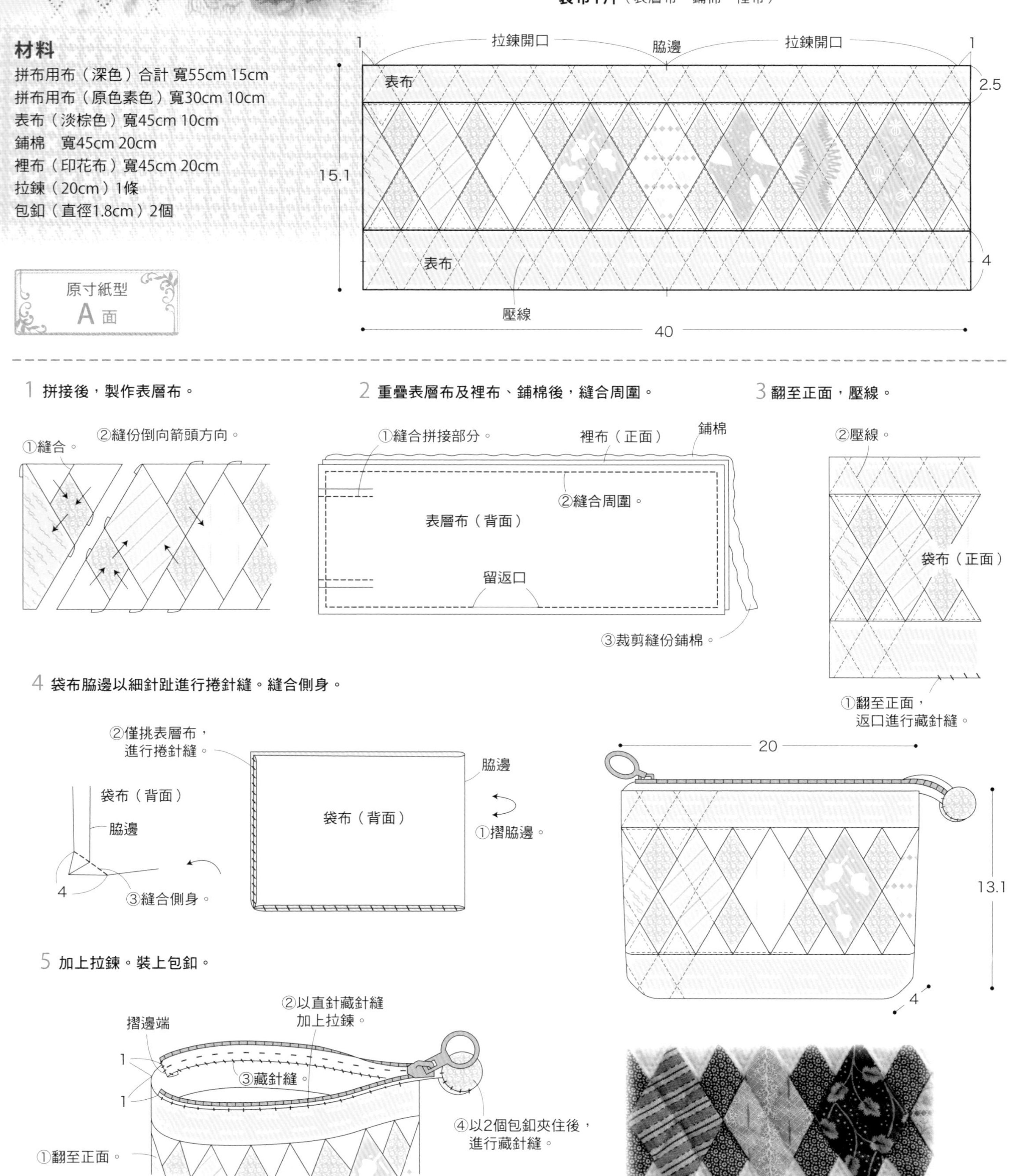

袋布1片（表層布・鋪棉・裡布）
拉鍊開口
脇邊
拉鍊開口
1
1
表布
2.5
15.1
表布
4
壓線
40
1 拼接後，製作表層布。
①縫合。
②縫份倒向箭頭方向。
2 重疊表層布及裡布、鋪棉後，縫合周圍。
①縫合拼接部分。
裡布（正面）
鋪棉
②縫合周圍。
表層布（背面）
留返口
③裁剪縫份鋪棉。
3 翻至正面，壓線。
②壓線。
袋布（正面）
①翻至正面，
返口進行藏針縫。
4 袋布脇邊以細針趾進行捲針縫。縫合側身。
②僅挑表層布，
進行捲針縫。
脇邊
袋布（背面）
袋布（背面）
脇邊
①摺脇邊。
4
③縫合側身。
20
13.1
4
5 加上拉鍊。裝上包釦。
摺邊端
②以直針藏針縫
加上拉鍊。
1
③藏針縫。
1
④以2個包釦夾住後，
進行藏針縫。
①翻至正面。

P.33 17 浪漫條紋波奇包

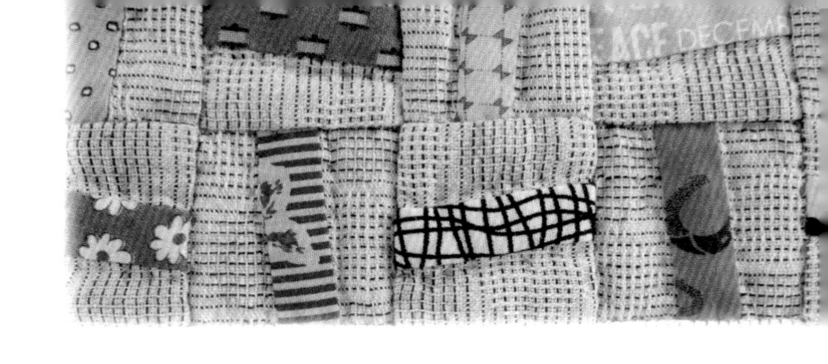

材料

拼布用布（印花布）合計寬20cm 15cm
表布（灰色）寬40cm 15cm
鋪棉　寬40cm 15cm
裡布（印花布）寬40cm 15cm
拉鍊（16cm）1條
拉鍊裝飾 1個

原寸紙型
B 面

前袋布1片（表層布・鋪棉・裡布）

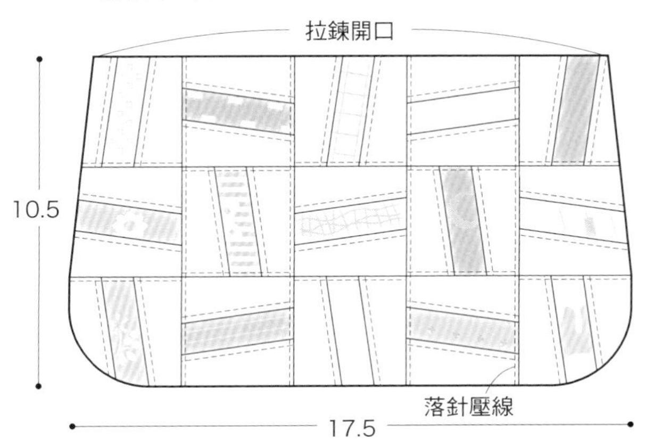

拉鍊開口
10.5
落針壓線
17.5

後袋布1片（表層布・鋪棉・裡布）

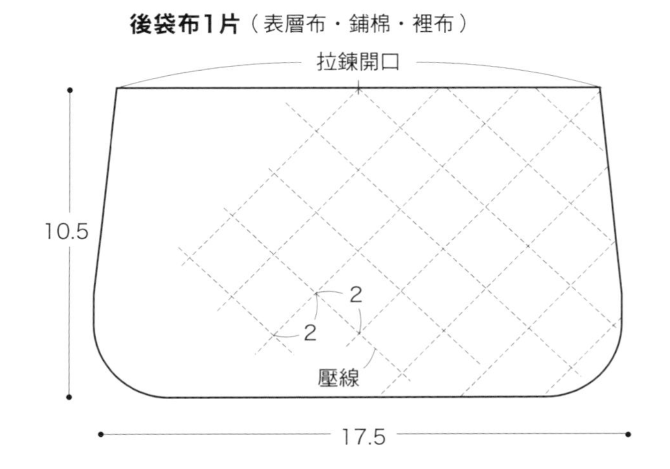

拉鍊開口
10.5
2
2
壓線
17.5

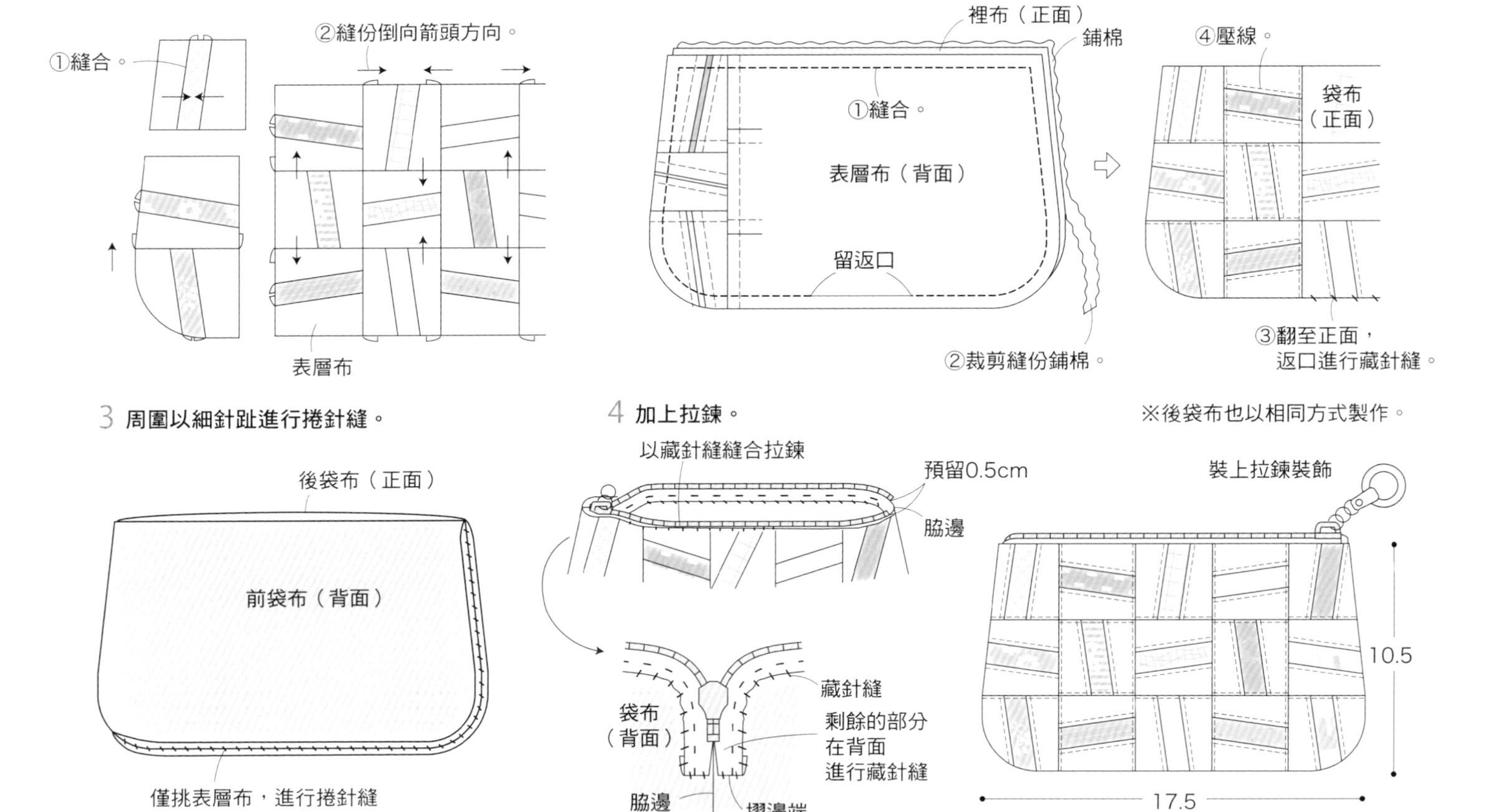

1 拼接後，製作表層布。
①縫合。
②縫份倒向箭頭方向。
表層布
2 重疊表層布與裡布、鋪棉縫合，翻至正面後，壓線。
裡布（正面）
鋪棉
①縫合。
表層布（背面）
留返口
②裁剪縫份鋪棉。
④壓線。
袋布
（正面）
③翻至正面，
返口進行藏針縫。
3 周圍以細針趾進行捲針縫。
後袋布（正面）
前袋布（背面）
僅挑表層布，進行捲針縫
4 加上拉鍊。
※後袋布也以相同方式製作。
以藏針縫縫合拉鍊
預留0.5cm
脇邊
藏針縫
袋布
（背面）
剩餘的部分
在背面
進行藏針縫
脇邊
摺邊端
裝上拉鍊裝飾
10.5
17.5

眼鏡袋

布料本身薄，沒有厚度，所以方便攜帶。眼鏡袋也有各種不同尺寸。

作法 P.38

長8.2cm×寬18cm×側身4cm

迷你波奇包

小巧的波奇包可放入硬幣、藥品……

習慣之後就很方便使用，是會讓人想多擁有幾個的波奇包。

作法 P.77

長4.5cm×寬4cm×側身2.2cm

18
19
20
21

兩側重疊組合而成的作品。

LOUISIANA Magnolia
NEBRASKA Goldenrod · NEVADA Sagebrush
Oklahoma Rose · OREGON Oregon grape · PENNODE
WISCONSI
DELAWA
FLORIDA
MARYLAND

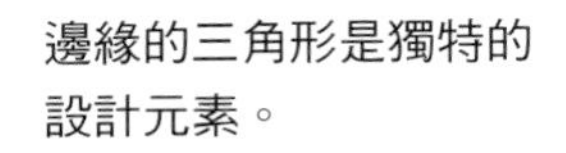
邊緣的三角形是獨特的
設計元素。

時尚又方便使用的
拉鍊裝飾。

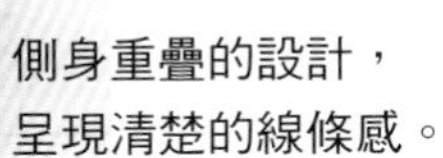
側身重疊的設計，
呈現清楚的線條感。

P.36 18 19 眼鏡袋

材料

拼布用布・裝飾用布　合計寬30cm 20cm
表布（印花布）寬30cm 30cm
別布（棕色素色）寬18cm 6cm
鋪棉　寬40cm 20cm
裡布（印花布）寬40cm 30cm
鈕釦（直徑0.6cm）2個
磁釦（直徑1.5cm）1組
※材料共用

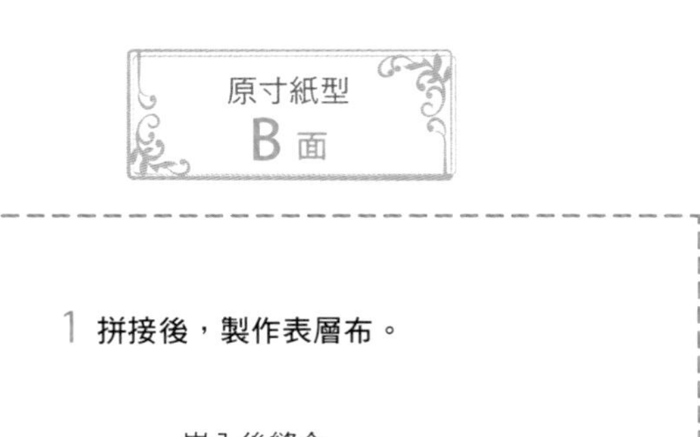

原寸紙型
B面

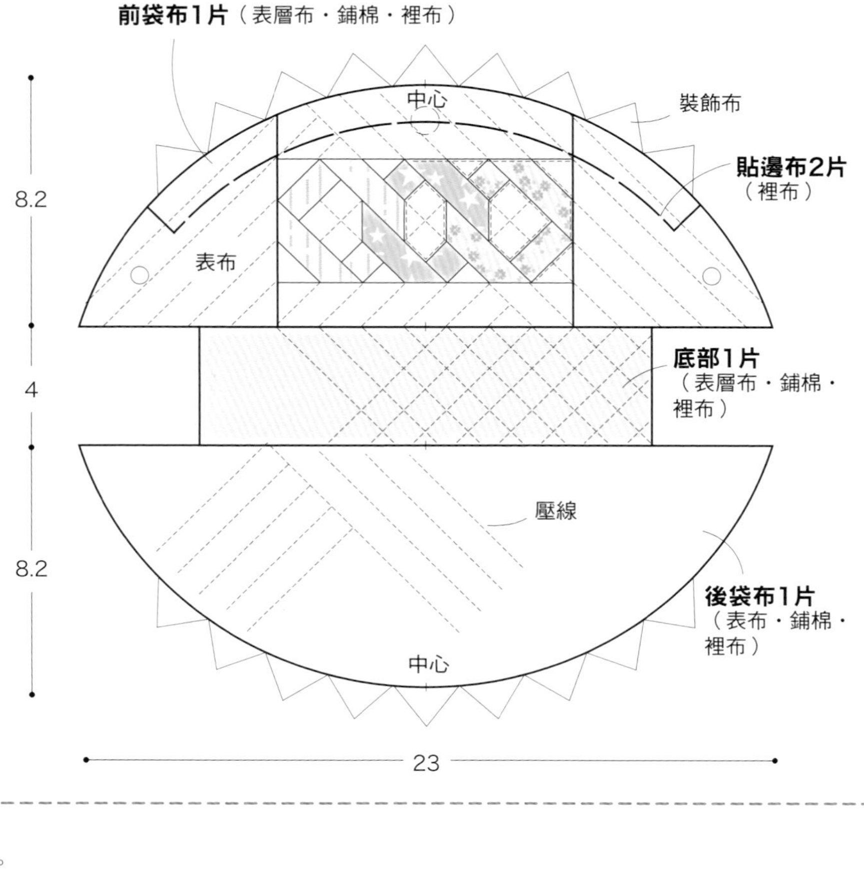

前袋布1片（表層布・鋪棉・裡布）
中心
裝飾布
貼邊布2片
（裡布）
表布
8.2
4
8.2
底部1片
（表層布・鋪棉・裡布）
壓線
後袋布1片
（表布・鋪棉・裡布）
中心
23

1 拼接後，製作表層布。

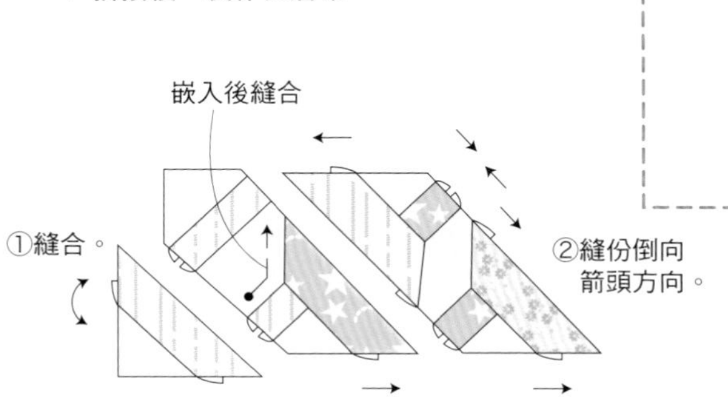

嵌入後縫合
①縫合。
②縫份倒向箭頭方向。

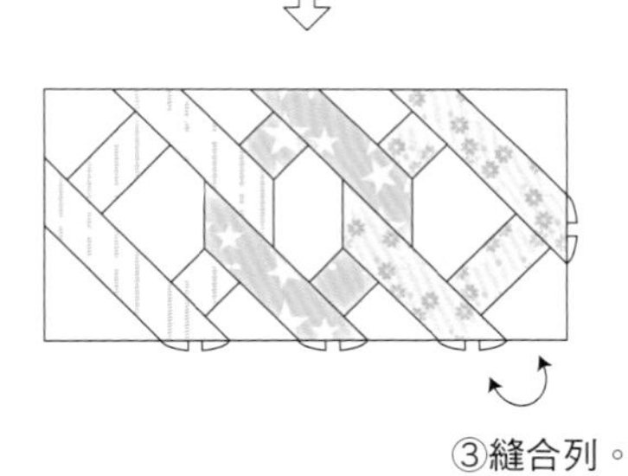

③縫合列。

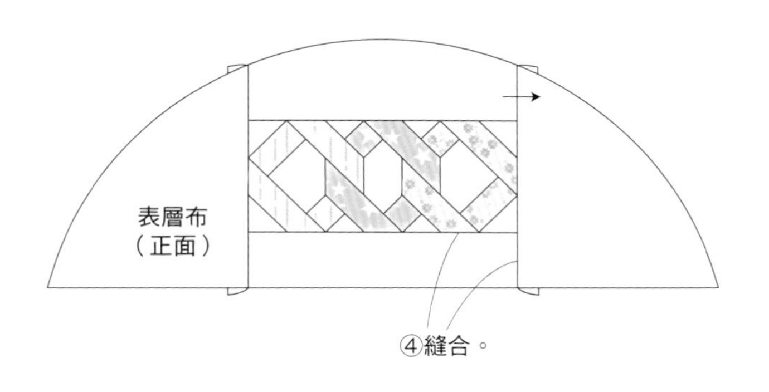

表層布
（正面）
④縫合。

2 表層布與裡布正面相對縫合，留一返口，自返口翻至正面後再壓線。

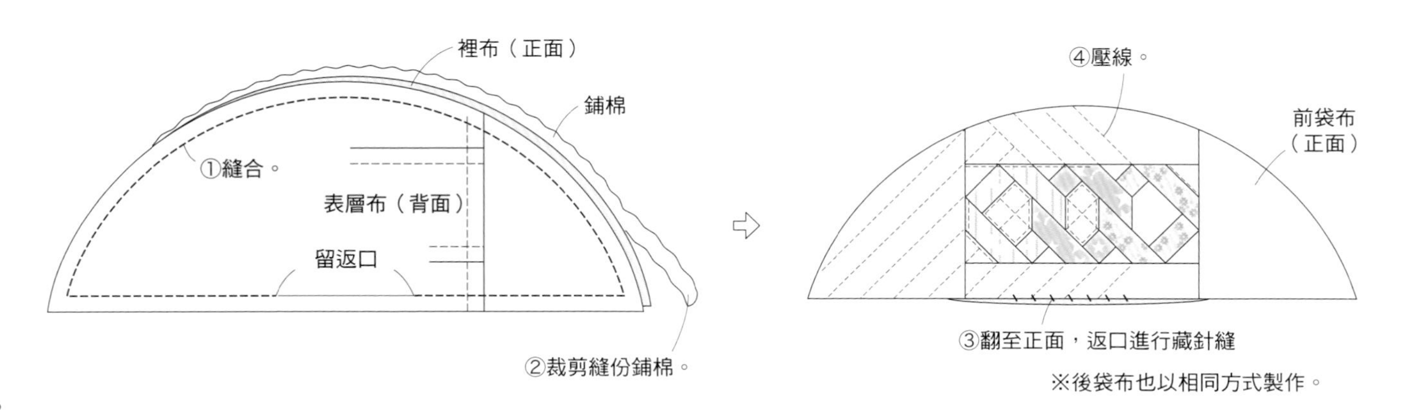

裡布（正面）
鋪棉
①縫合。
表層布（背面）
留返口
②裁剪縫份鋪棉。
④壓線。
前袋布
（正面）
③翻至正面，返口進行藏針縫

※後袋布也以相同方式製作。

3 底部以相同方式縫合，壓線。

4 縫合裝飾用布。自袋布背面接合，並縫合貼邊。

5 袋布與底部以細針趾進行捲針縫。

6 摺側身部分後縫合。另一側也重疊後縫合。

7 加上鈕釦及磁釦。

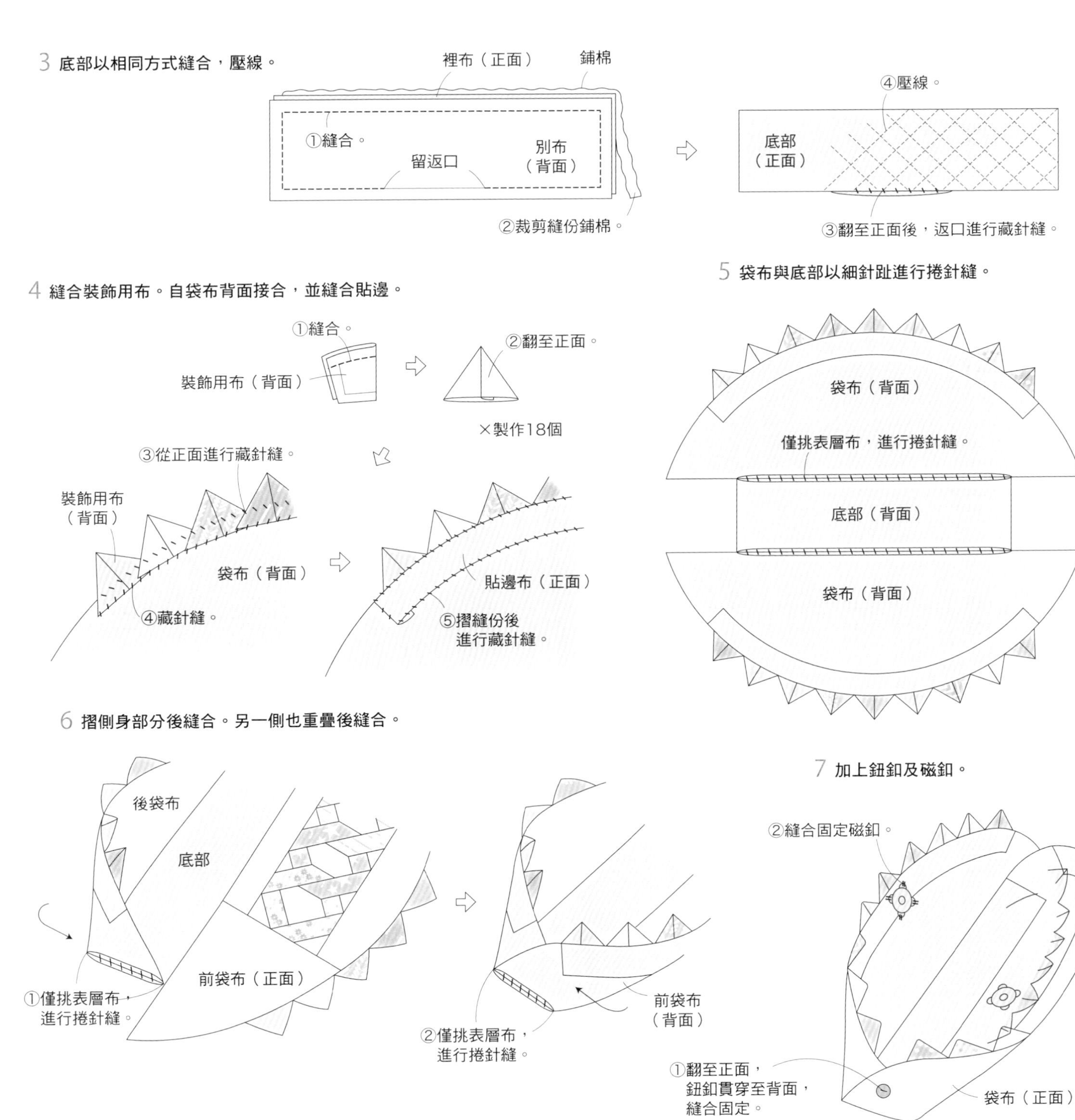

裡布（正面）
鋪棉
①縫合。
留返口
別布
（背面）
②裁剪縫份鋪棉。
④壓線。
底部
（正面）
③翻至正面後，返口進行藏針縫。
①縫合。
裝飾用布（背面）
②翻至正面。
×製作18個
③從正面進行藏針縫。
裝飾用布
（背面）
袋布（背面）
④藏針縫。
貼邊布（正面）
⑤摺縫份後
進行藏針縫。
袋布（背面）
僅挑表層布，進行捲針縫。
底部（背面）
袋布（背面）
後袋布
底部
前袋布（正面）
①僅挑表層布，
進行捲針縫。
②僅挑表層布，
進行捲針縫。
前袋布
（背面）
②縫合固定磁釦。
①翻至正面，
鈕釦貫穿至背面，
縫合固定。
袋布（正面）

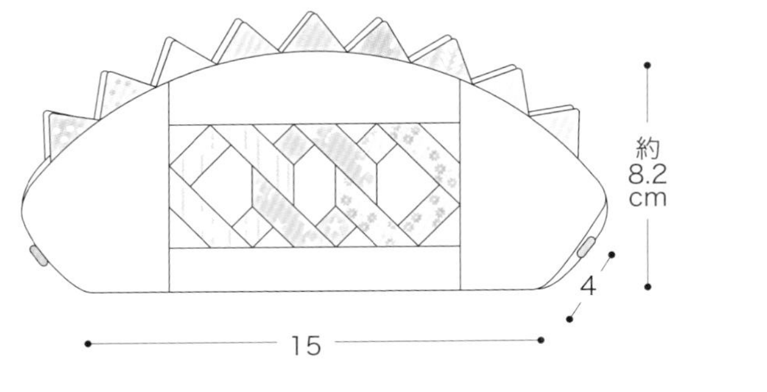

約
8.2
cm
4
15

livre de poche
Near or Far
Still Friends
We are
22
23

書衣

想要盡興地閱讀時使用。小樹枝上生長出許多小葉子的樹木造型，繡成貼布縫。讓人感到溫暖幸福的主題圖案。

作法 P.42

文庫本尺寸

筆袋

從種子開始到發芽，兩瓣葉子很可愛，無法將它們分離。我家的盆栽總是生長的很茂密。兩瓣葉盆栽的對面是排成一列的可愛香菇。

作法 P.43

長10.8cm×寬22.2cm

以摺疊方式的裁剪與拉鍊當作提把的獨特設計。

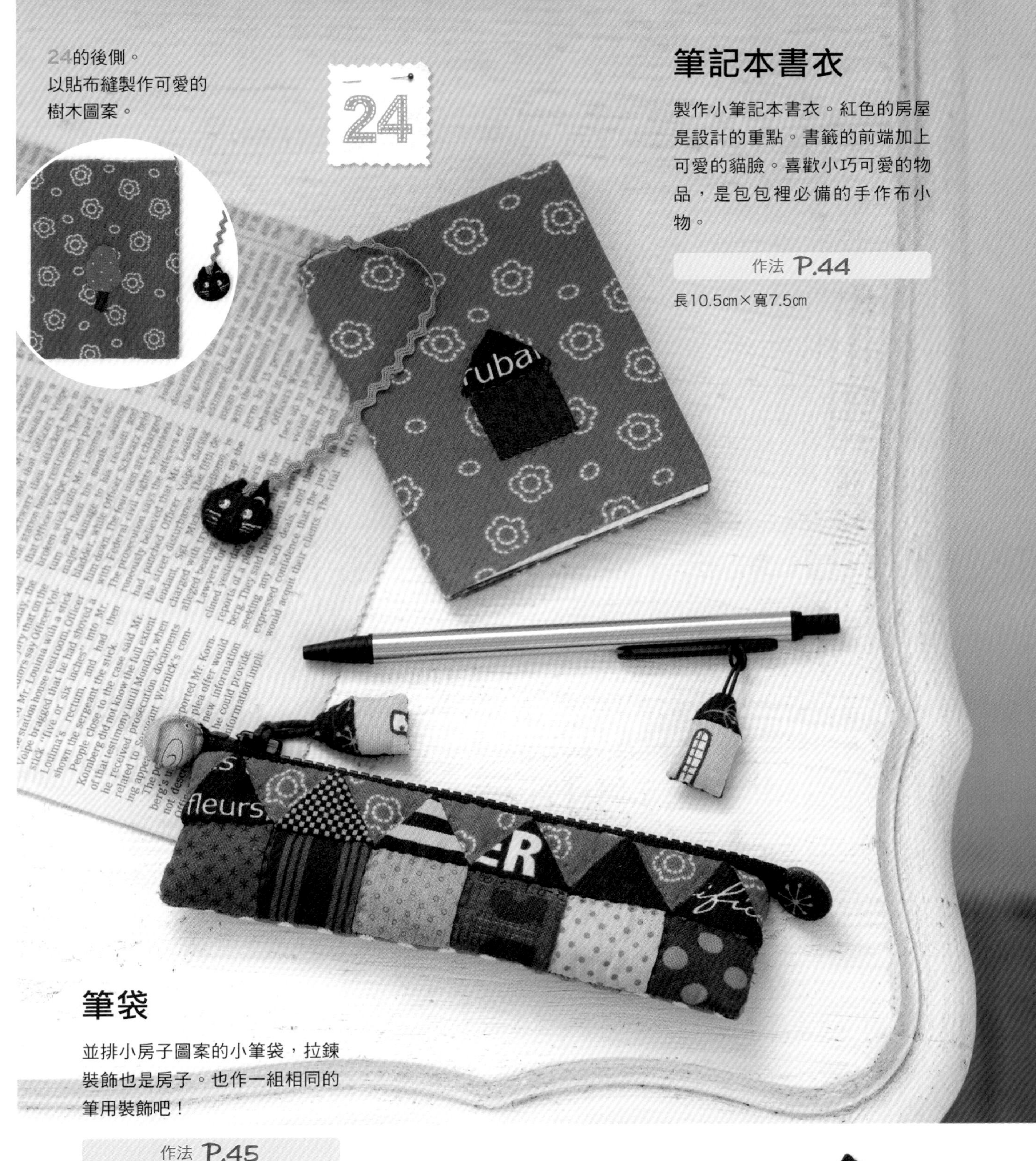

24的後側。
以貼布縫製作可愛的
樹木圖案。

24

筆記本書衣

製作小筆記本書衣。紅色的房屋是設計的重點。書籤的前端加上可愛的貓臉。喜歡小巧可愛的物品，是包包裡必備的手作布小物。

作法 P.44

長10.5cm×寬7.5cm

筆袋

並排小房子圖案的小筆袋，拉鍊裝飾也是房子。也作一組相同的筆用裝飾吧！

作法 P.45

長4.5cm×寬15cm

25後側。在印花布上以貼布縫縫上一間房子。

P.40 22 書衣

材料

貼布縫用布 適量
表布（水藍色素色）寬30cm 30cm
貼布縫用底布（原色素色）寬15cm 20cm
貼布襯（薄）寬40cm 20cm
裡布（印花布）寬55cm 20cm
鋪棉　寬25cm 20cm
蕾絲（寬1.5cm）20cm
25號繡線（棕色）

※刺繡參考P.87。

原寸紙型
B面

本體1片（表層布・貼布襯・鋪棉・裡布）　※裡布使用不拼接的1片布。

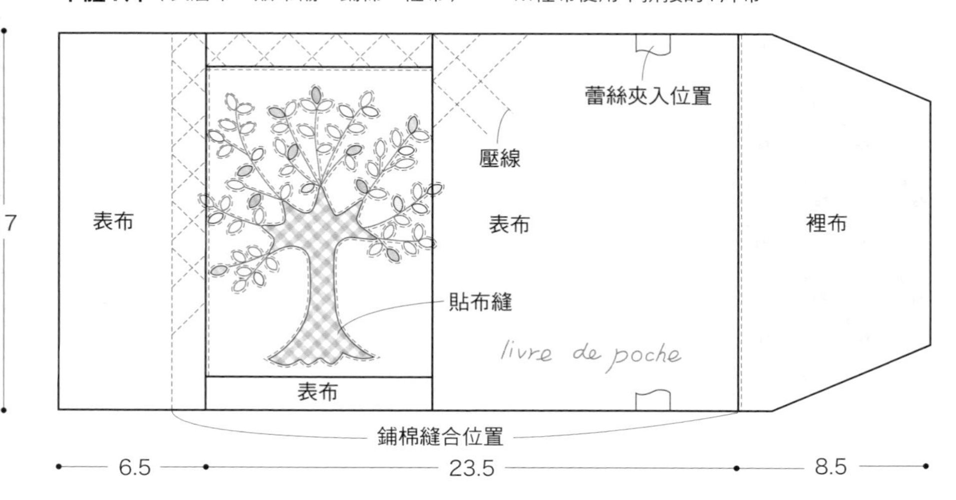
蕾絲夾入位置
壓線
表布
表布
裡布
17
貼布縫
livre de poche
表布
鋪棉縫合位置
6.5
23.5
8.5

1 製作表層布，進行貼布縫。

①縫合後，製作表層布。
③貼上直接裁剪的貼布襯。
②貼布縫刺繡。
livre de poche
縫份倒向箭頭方向

2 重疊表層布與裡布、鋪棉後，縫合周圍。

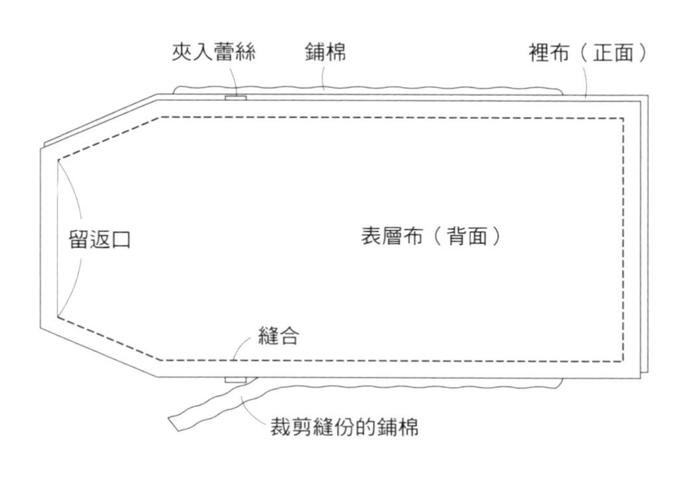
夾入蕾絲
鋪棉
裡布（正面）
留返口
表層布（背面）
縫合
裁剪縫份的鋪棉

3 翻至正面後壓線。縫合脇邊。

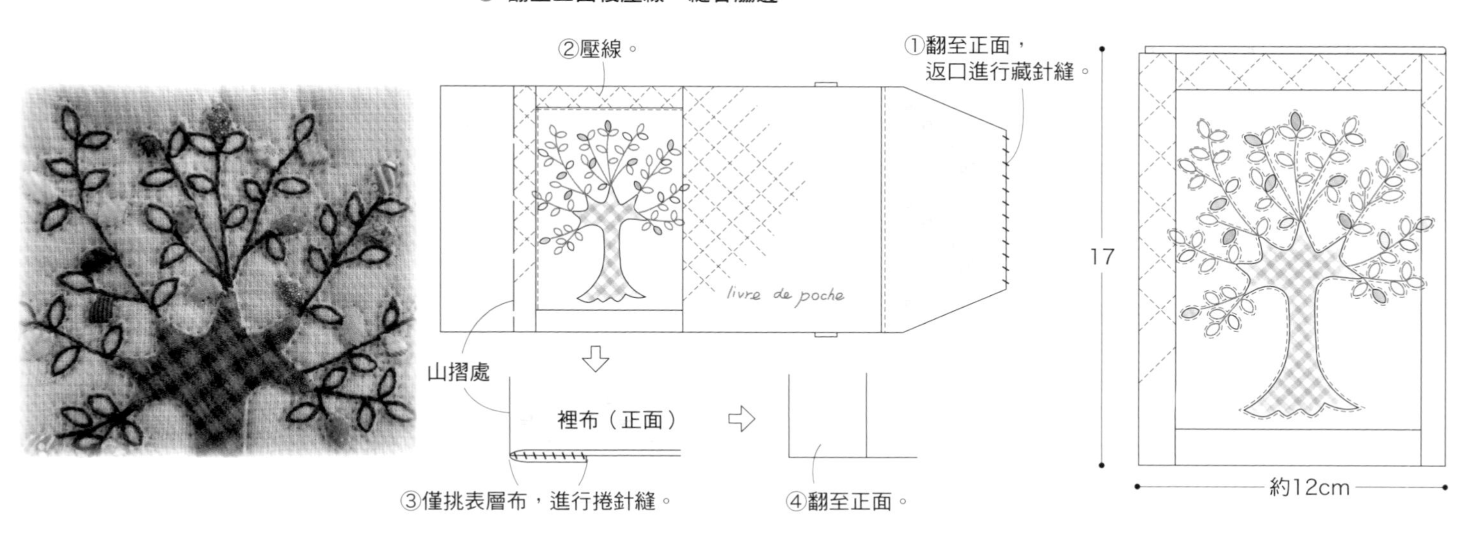
②壓線。
①翻至正面，
返口進行藏針縫。
livre de poche
17
山摺處
裡布（正面）
③僅挑表層布，進行捲針縫。
④翻至正面。
約12cm

P.40 23 筆袋

材料

貼布縫・包釦布 適量
表布（米色）寬50cm 25cm
鋪棉　寬25cm 25cm
裡布（印花布）寬25cm 25cm
滾邊布 寬3cm 25cm 2條
拉鍊（30cm）1條
包釦（直徑2.1cm）1個
25號繡線（棕色・綠色・白色）

※刺繡參考P.87。

原寸紙型
B 面

袋布1片（表布・鋪棉・裡布）

拉鍊
滾邊0.6cm
包釦
表布
壓線
拉鍊開口
拉鍊開口
21
貼布縫
滾邊0.6cm
20.8

側身2片（表布）

摺邊
5.5
抓褶
10.8

1 表布進行貼布縫。
重疊表布與裡布、鋪棉後，縫合開口。
翻至正面後，壓線。

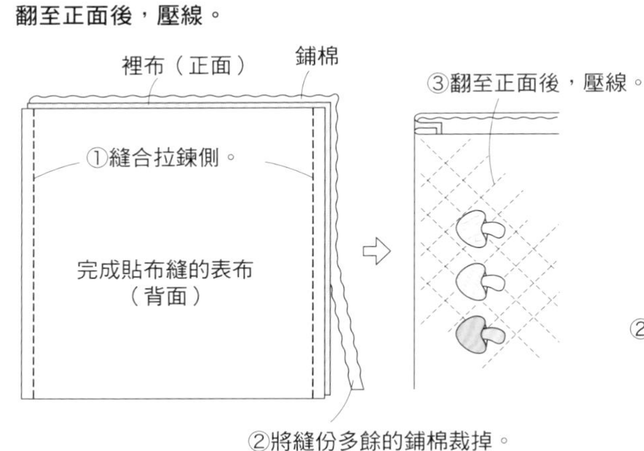

裡布（正面）
鋪棉
①縫合拉鍊側。
完成貼布縫的表布
（背面）
②將縫份多餘的鋪棉裁掉。
③翻至正面後，壓線。

2 縫合側身，縫合打褶處。

3 縫合袋布與側身，進行滾邊。

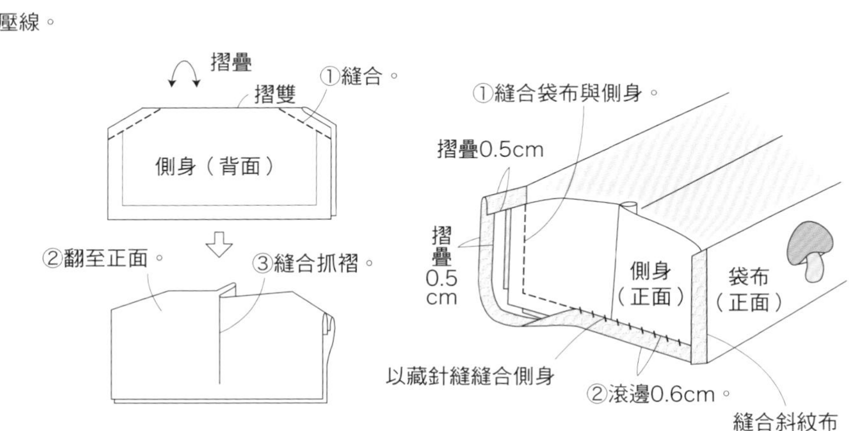

摺疊
摺雙
①縫合。
側身（背面）
②翻至正面。
③縫合抓褶。
①縫合袋布與側身。
摺疊0.5cm
摺疊0.5cm
側身（正面）
袋布（正面）
以藏針縫縫合側身
②滾邊0.6cm。
縫合斜紋布

4 裝上拉鍊。摺邊端後，縫合固定。

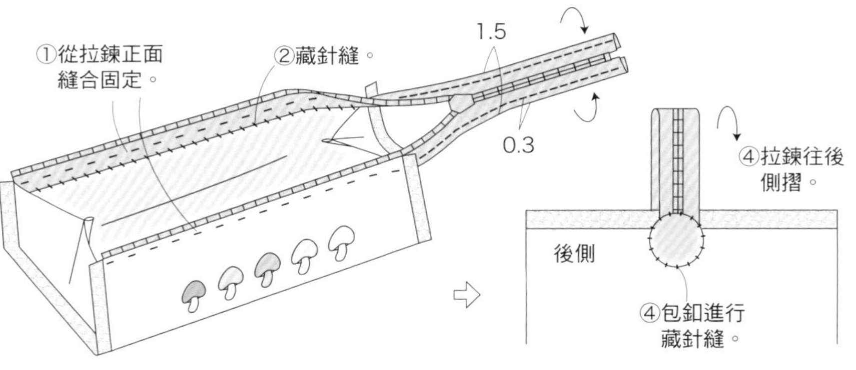

①從拉鍊正面縫合固定。
②藏針縫。
1.5
0.3
③摺邊端後縫合。
④拉鍊往後側摺。
後側
④包釦進行藏針縫。

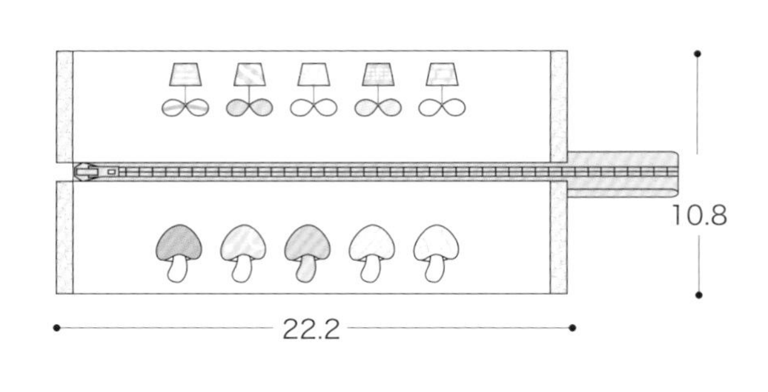

10.8
22.2

P.41 24 筆記本書衣

材料

貼布縫用布・包釦用布 適量
表布（灰色印花布）寬30cm 15cm
裡布（棕色）寬30cm 15cm
貼布襯（薄）寬30cm 15cm
波浪織帶（寬0.5cm）15cm
包釦（直徑1.8cm）2個
25號繡線（藍色）

※刺繡參考P.87。

原寸紙型 B面

本體1片（表布・貼布襯・裡布）

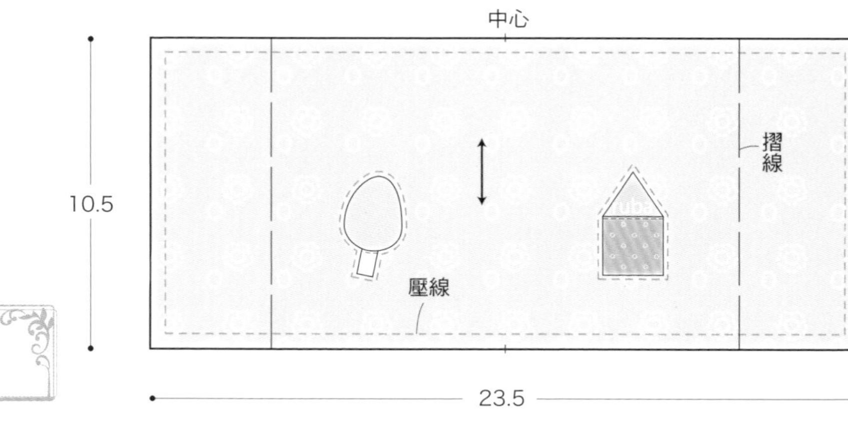

中心
摺線
10.5
壓線
23.5

1 表布進行貼布縫。重疊表層布與裡布後，縫合周圍。

裡布（正面）
波浪織帶夾住中心
②縫合周圍。
完成貼布縫的表布（背面）
留返口
①完成貼布縫的表布，貼上貼布襯。

2 翻至正面後，壓線。縫合上下側。

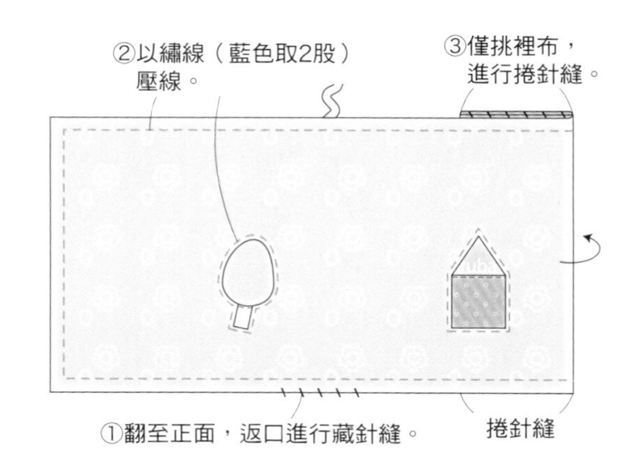

②以繡線（藍色取2股）
壓線。
③僅挑裡布，
進行捲針縫。
①翻至正面，返口進行藏針縫。
捲針縫

3 以包釦製作貓咪，裝上波浪織帶。

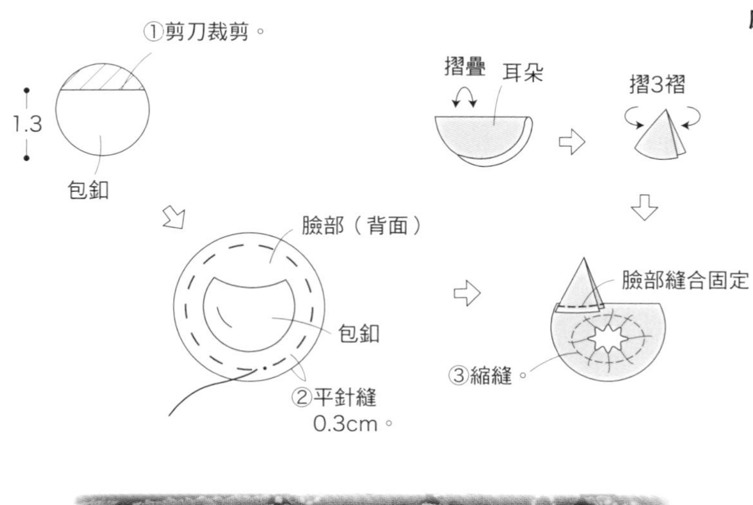

①剪刀裁剪。
1.3
包釦
臉部（背面）
包釦
②平針縫
0.3cm。
摺疊
耳朵
摺3褶
臉部縫合固定
③縮縫。

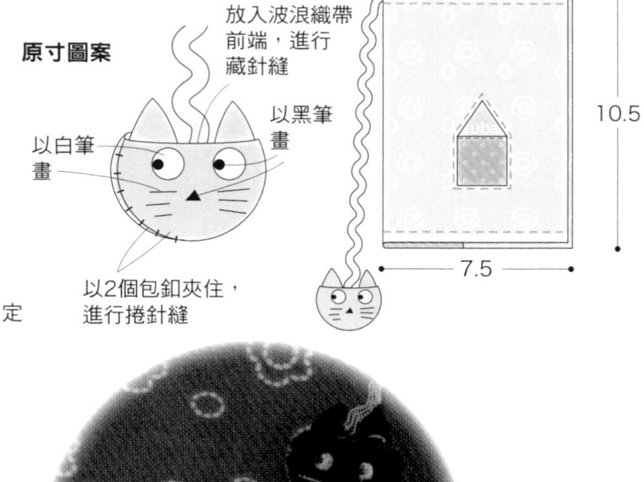

原寸圖案
放入波浪織帶
前端，進行
藏針縫
以白筆
畫
以黑筆
畫
以2個包釦夾住，
進行捲針縫
10.5
7.5

P.41 25 筆袋

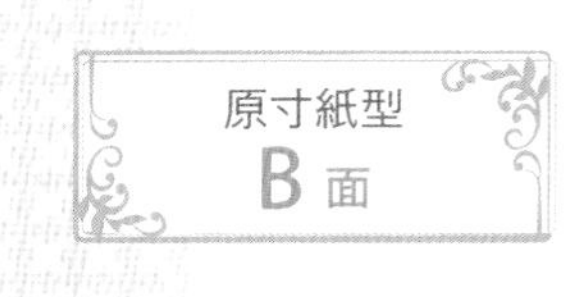

原寸紙型
B面

材料

拼布用布 合計寬20cm 15cm
後袋布（印花布）寬20cm 10cm
包釦用布・裝飾用布 適量
鋪棉　寬20cm 15cm
裡布（印花布）寬20cm 15cm
拉鍊（15cm）1條
包釦（直徑1.5cm）4個
蠟線（粗0.1cm）10cm 2條
工藝用棉花
※蠟繩包含拉鍊裝飾部分

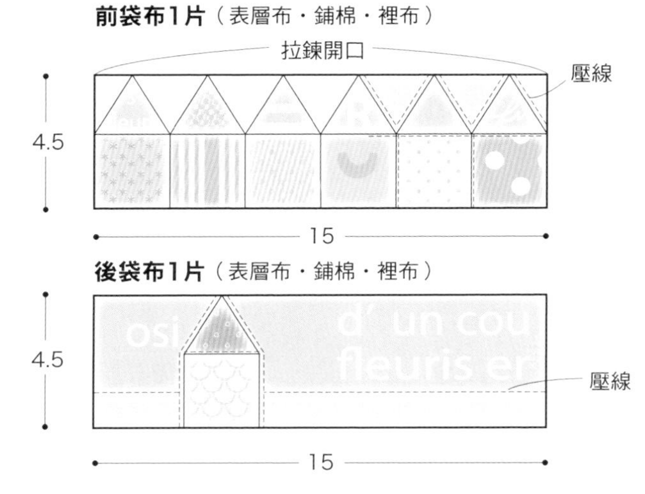

前袋布1片（表層布・鋪棉・裡布）
拉鍊開口
壓線
4.5
15
後袋布1片（表層布・鋪棉・裡布）
4.5
壓線
15

1 拼接後，製作表層布。

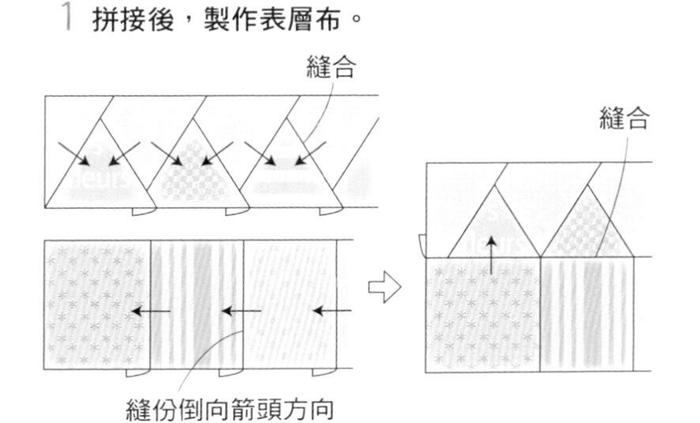

縫合
縫合
縫份倒向箭頭方向

2 重疊表層布與裡布、鋪棉後，縫合周圍。

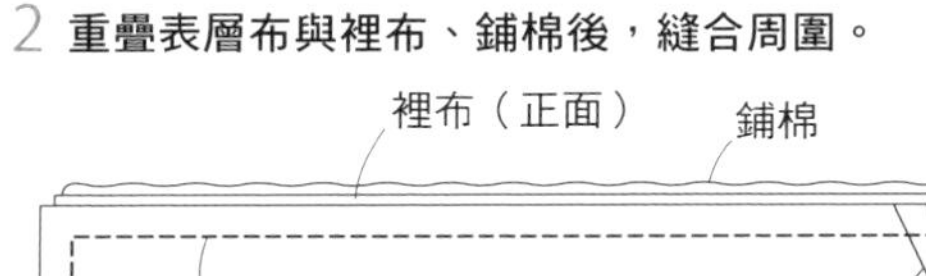
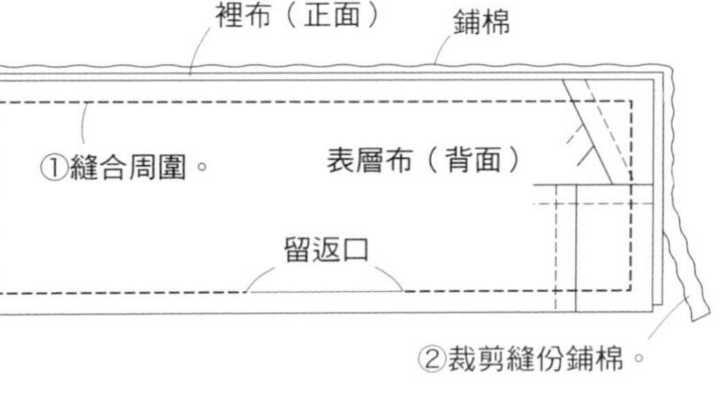

裡布（正面）
鋪棉
①縫合周圍。
表層布（背面）
留返口
②裁剪縫份鋪棉。

3 翻至正面，壓線。

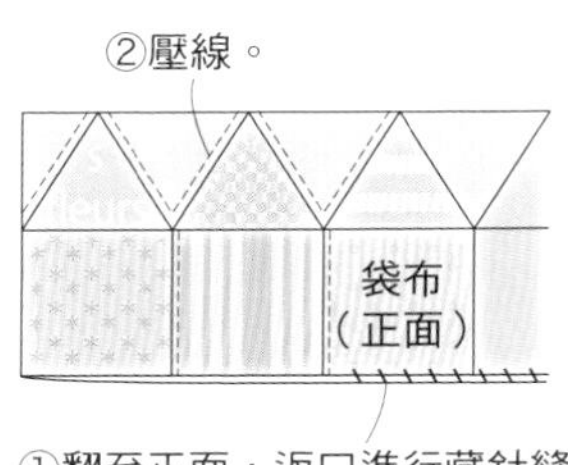

②壓線。
袋布
（正面）
①翻至正面，返口進行藏針縫。

※後袋布也以相同方式製作

4 袋布裝上拉鍊。

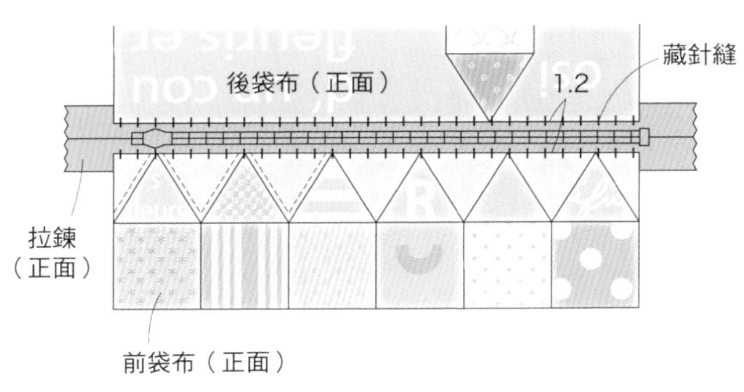

後袋布（正面）
1.2
藏針縫
拉鍊
（正面）
前袋布（正面）

5 周圍以細針趾進行捲針縫。

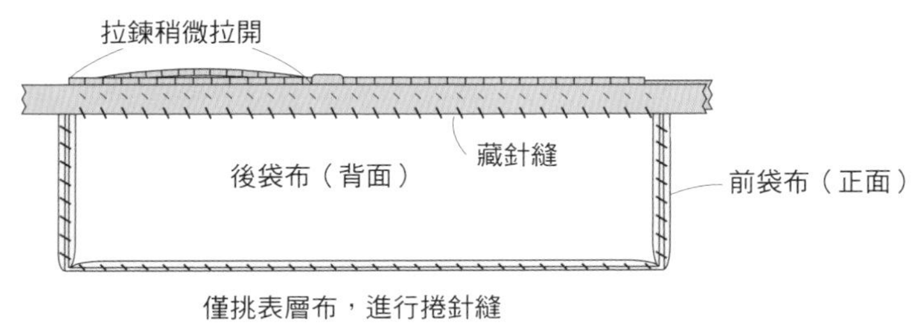

拉鍊稍微拉開
藏針縫
後袋布（背面）
前袋布（正面）
僅挑表層布，進行捲針縫

6 縫合拉鍊裝飾。

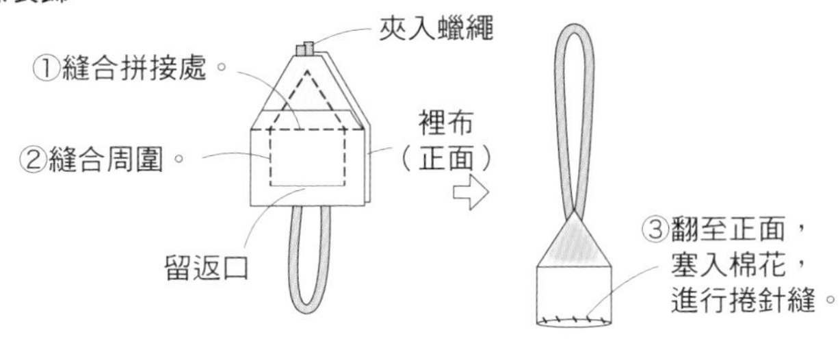

夾入蠟繩
①縫合拼接處。
②縫合周圍。
裡布
（正面）
留返口
③翻至正面，
塞入棉花，
進行捲針縫。

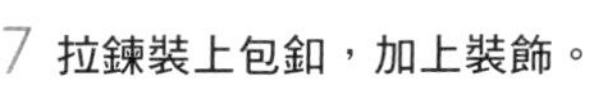

7 拉鍊裝上包釦，加上裝飾。

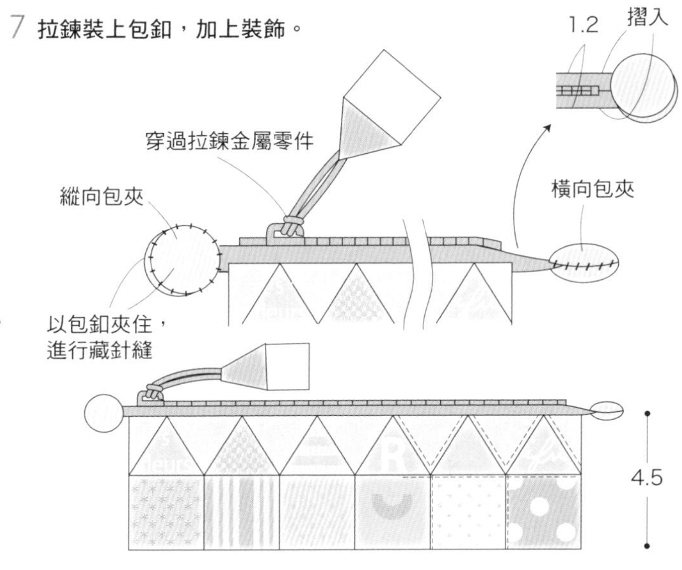

1.2
摺入
穿過拉鍊金屬零件
縱向包夾
橫向包夾
以包釦夾住，
進行藏針縫
4.5
15

筆的吊飾作法與6相同。

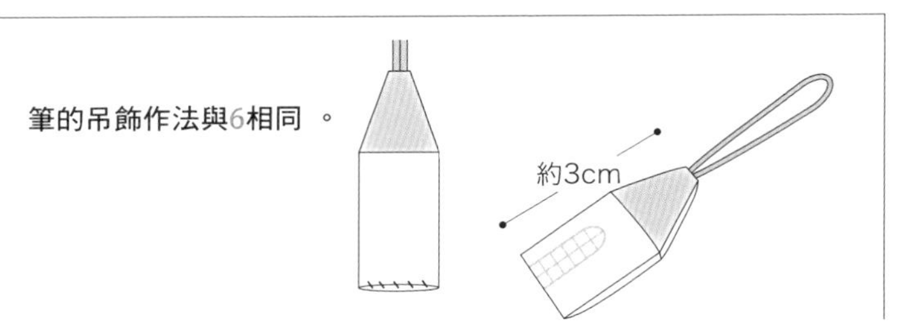

約3cm

針插

讓針線活變得更有趣的針插們。造型雖小巧，也十分用心製作呢！**26**與**30**是六角形組合，**27**是六角星，**28**是玫瑰花，**29**是房屋。

作法 P.48

26／約6.4㎝　27／約8㎝　28／約5㎝
29／約6㎝　30／約4.5㎝

26

PEACE

27

28

PEACE
Merry

29

30

31

蜂巢圖案裁縫包

完全沉溺在藍色的魅力當中。
第一次使用這麼多樣深色的藍色，
整體呈現俐落感，充滿重量的黑色拉鍊也是設計重點喔！

作法 P.81

長10㎝×寬16㎝

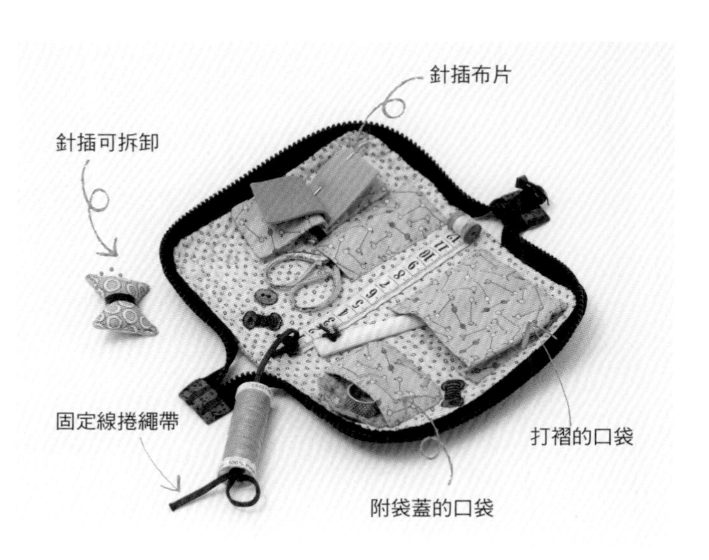
針插布片
針插可拆卸
固定線捲繩帶
打褶的口袋
附袋蓋的口袋

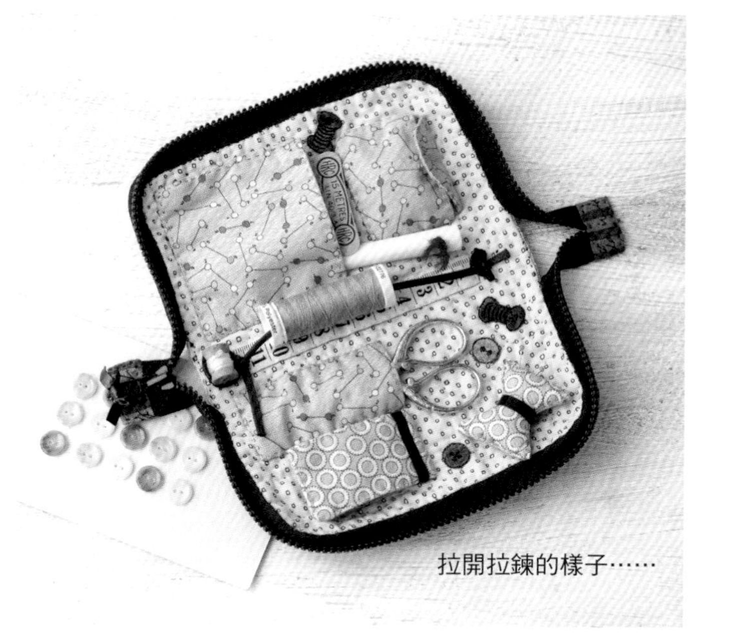
拉開拉鍊的樣子……

P.46 26至30 針插

28 材料

拼布用布・葉子 合計寬15cm 10cm
裡布（印花布）寬8cm 8cm
鋪棉　寬8cm 8cm
織布（寬1.5cm）20cm
圓形大串珠 1個
底板6cm×6cm
手工藝用棉花 適量

原寸紙型
B面

1 拼接上面部分，進行壓線。

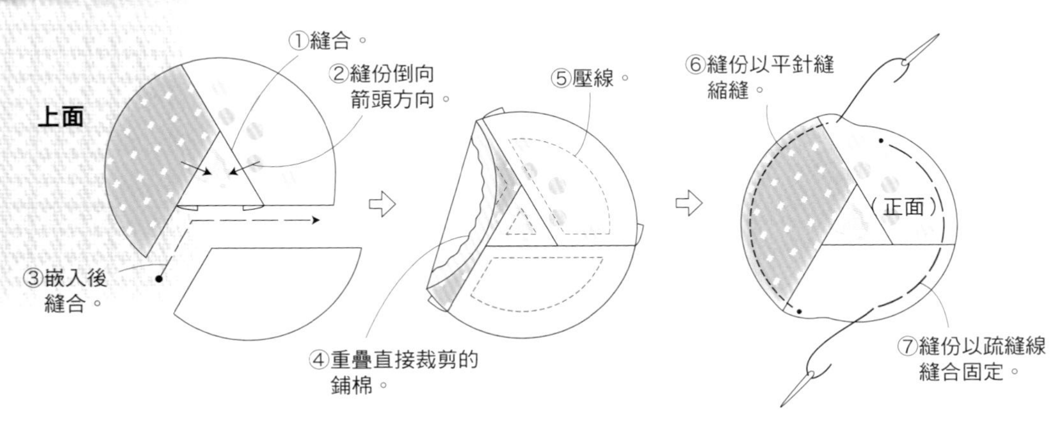

上面
①縫合。
②縫份倒向
箭頭方向。
③嵌入後
縫合。
④重疊直接裁剪的
鋪棉。
⑤壓線。
⑥縫份以平針縫
縮縫。
（正面）
⑦縫份以疏縫線
縫合固定。

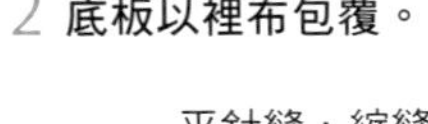

2 底板以裡布包覆。

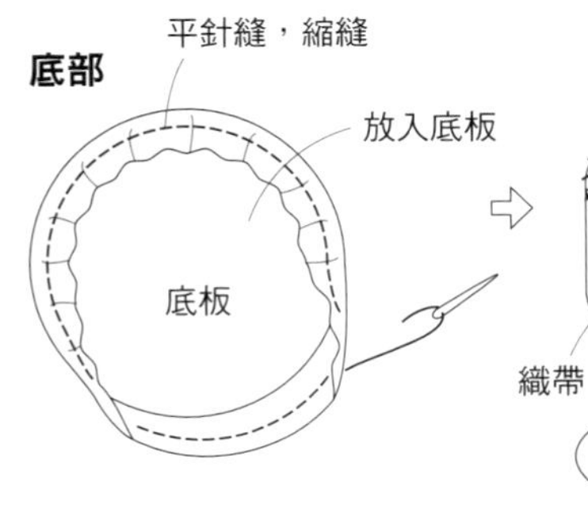

底部
平針縫，縮縫
放入底板
底板

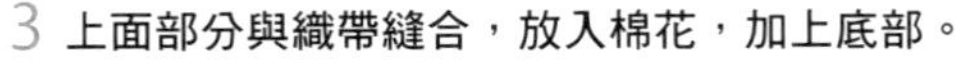

3 上面部分與織帶縫合，放入棉花，加上底部。

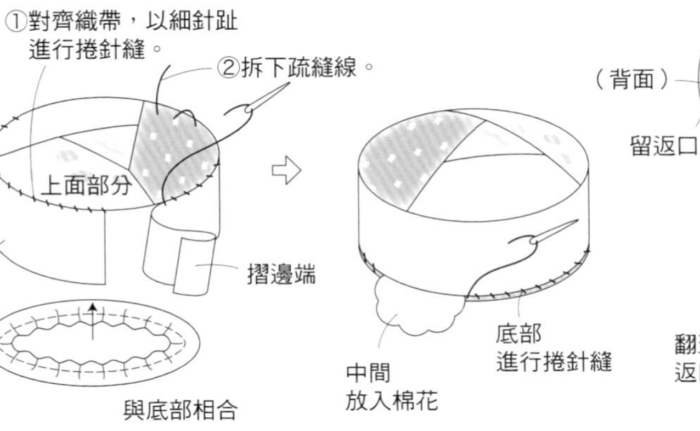

①對齊織帶，以細針趾
進行捲針縫。
②拆下疏縫線。
上面部分
織帶
摺邊端
與底部相合
中間
放入棉花
底部
進行捲針縫

4 加上葉子。

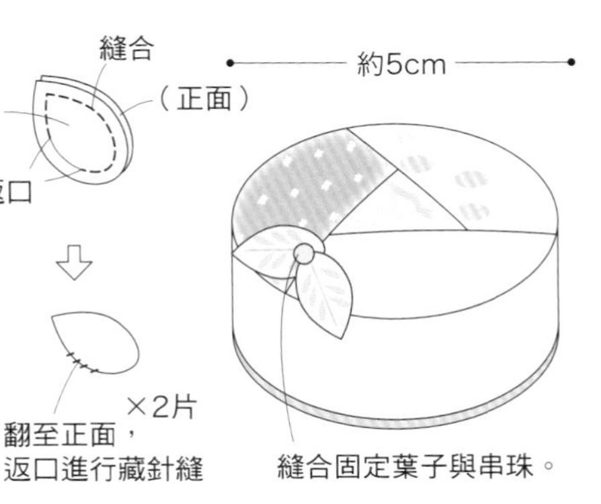

縫合
（背面）
（正面）
留返口
×2片
翻至正面，
返口進行藏針縫
約5cm
縫合固定葉子與串珠。

---

29 材料

拼布用布・貼布縫 合計寬15cm 10cm
裡布（印花布）寬7cm 8cm
鋪棉　寬7cm 8cm
織布（寬1.5cm）25cm
圓形大串珠 1個
底板6cm×7cm
手工藝用棉花 適量

1 拼接，壓線後，製作上面部分。

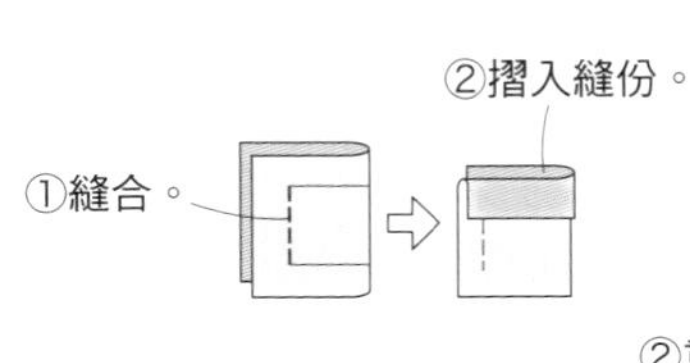

上面
①縫合。
②摺入縫份。

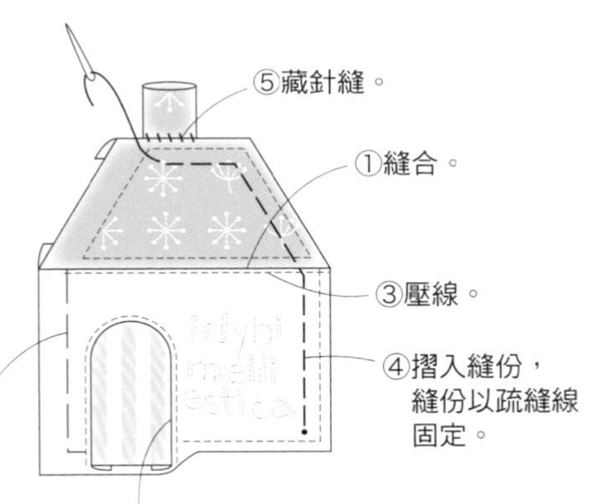

⑤藏針縫。
①縫合。
③壓線。
④摺入縫份，
縫份以疏縫線
固定。
②重疊直接
裁剪的
鋪棉。
貼布縫

2 底板以裡布包覆。

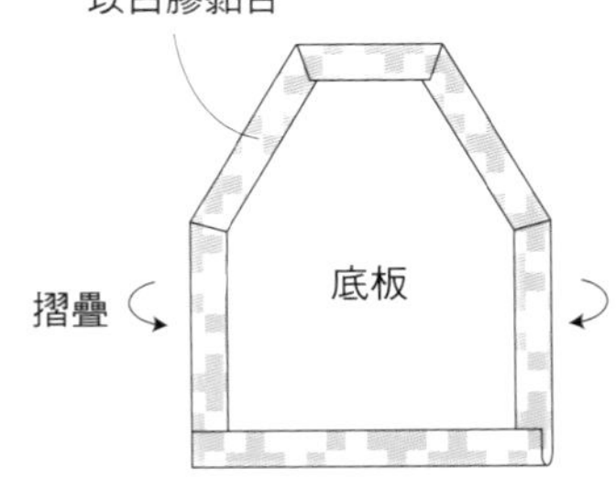

底部
包覆底板，
以白膠黏合
底板
摺疊

3 上面部分與織帶縫合，放入棉花後，加上底部。

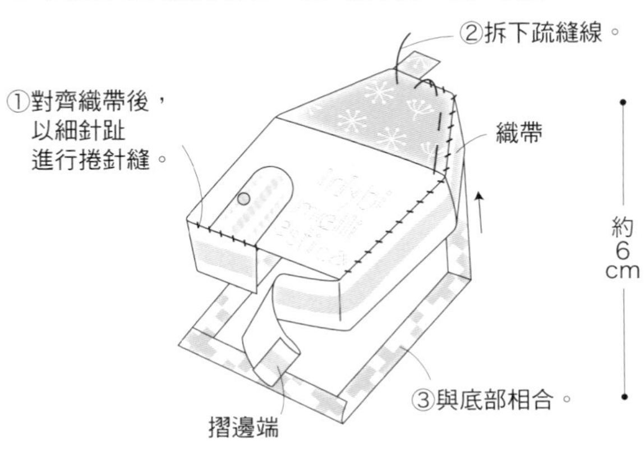

②拆下疏縫線。
①對齊織帶後，
以細針趾
進行捲針縫。
織帶
③與底部相合。
摺邊端

約
6
cm
中間放入棉花，
底部進行捲針縫

26 30 材料（共通）

拼布用布 合計寬15cm 15cm
裡布（印花布）寬8cm 8cm
鋪棉　寬8cm 8cm
織布（寬2cm）30cm
底板7cm×7cm
手工藝用棉花 適量

1 準備7張用布包覆的厚紙，以捲針縫縫合。

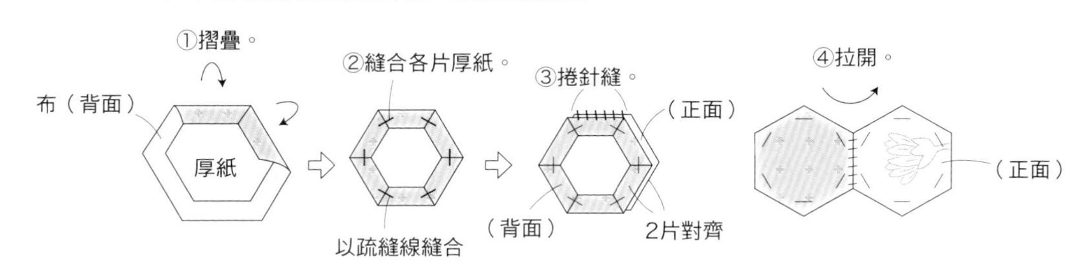
①摺疊。
布（背面）
厚紙
②縫合各片厚紙。
以疏縫線縫合
③捲針縫。
（正面）
（背面）
2片對齊
④拉開。
（正面）

2 拆下厚紙，壓線縫合織帶。

3 製作底部，中間放入棉花後，縫合織帶。

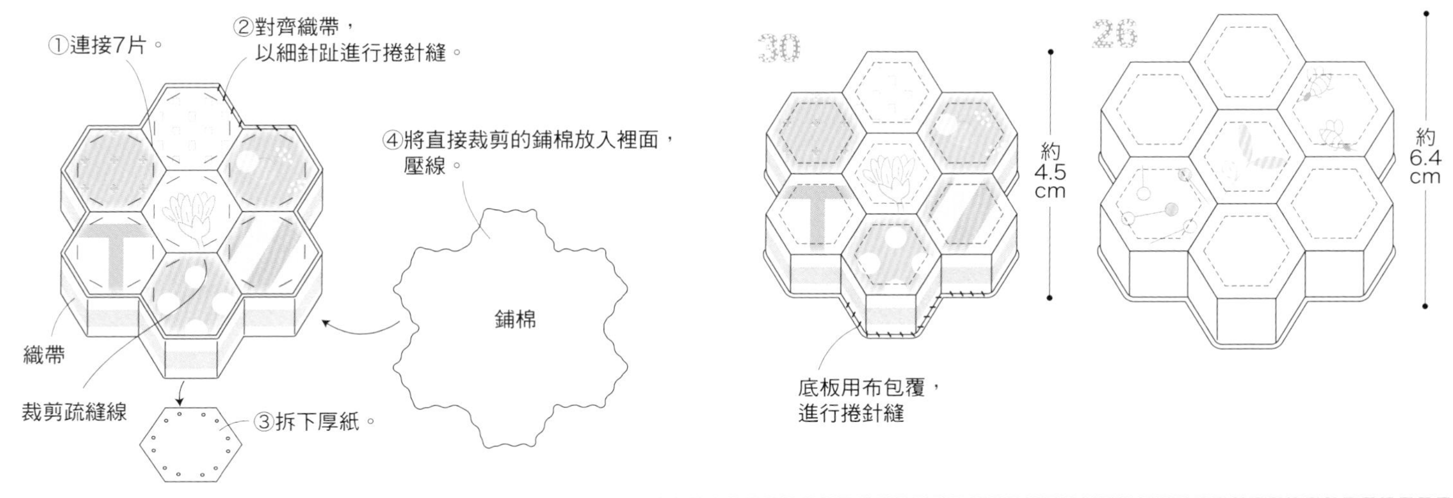
①連接7片。
②對齊織帶，
以細針趾進行捲針縫。
④將直接裁剪的鋪棉放入裡面，
壓線。
鋪棉
織帶
裁剪疏縫線
③拆下厚紙。
30
26
約
4.5
cm
約
6.4
cm
底板用布包覆，
進行捲針縫

27 材料

拼布用布 合計寬25cm 10cm
裡布（白色素色）寬10cm 10cm
鋪棉　寬10cm 10cm
串珠（直徑0.4cm）6個
珍珠串珠（直徑0.7cm）1個
手工藝用棉花 適量

1 拼接前片後，製作表層布，重疊裡布、鋪棉後，縫合周圍。

前片1片（表層布・鋪棉・裡布）

壓線

後片1片（表層布）

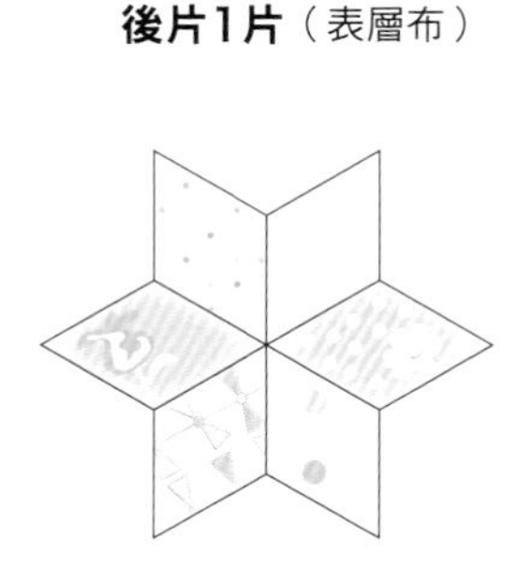

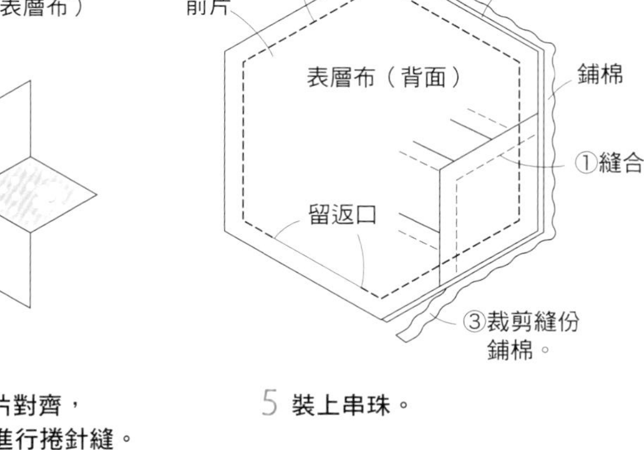

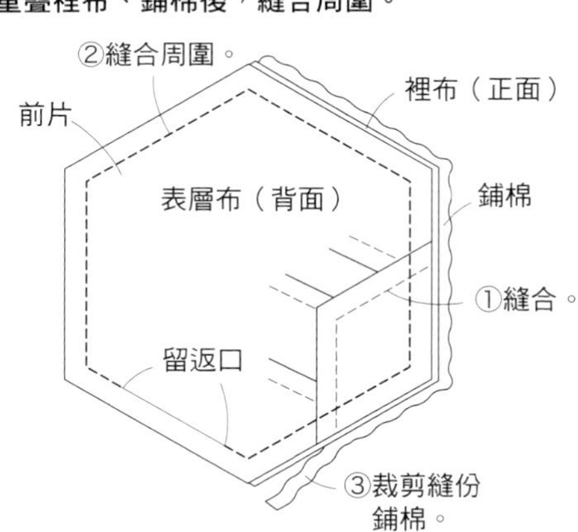
②縫合周圍。
前片
裡布（正面）
表層布（背面）
鋪棉
①縫合。
留返口
③裁剪縫份
鋪棉。

2 翻至正面，壓線。

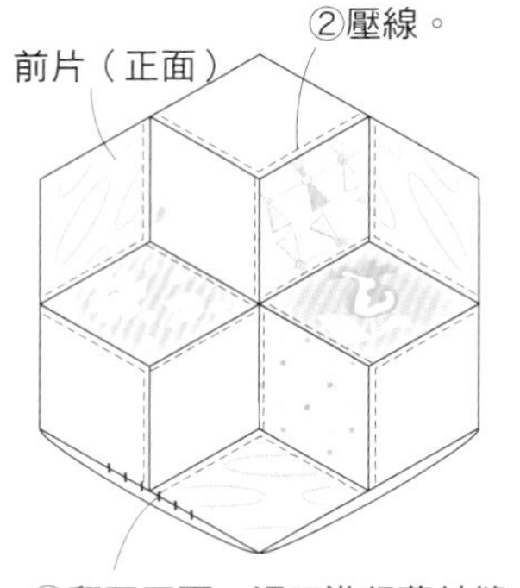
前片（正面）
②壓線。
①翻至正面，返口進行藏針縫。

3 拼接後片。

4 前片與後片對齊，
以細針趾進行捲針縫。

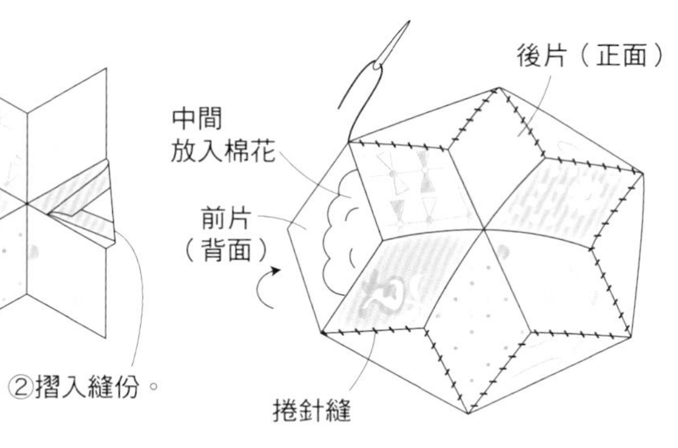
後片（正面）
①縫合。
②摺入縫份。
中間
放入棉花
前片
（背面）
後片（正面）
捲針縫

5 裝上串珠。

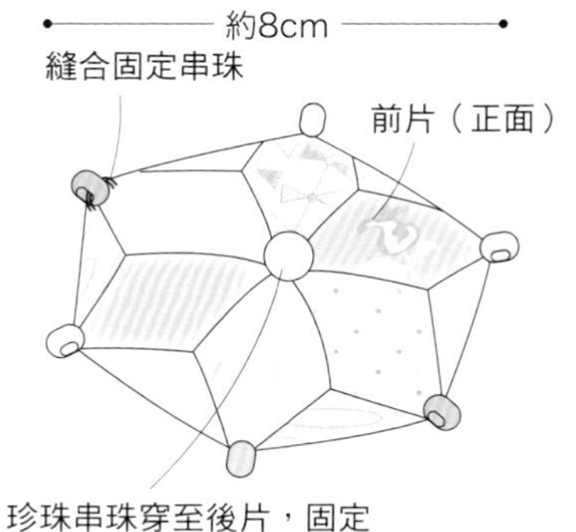
約8cm
縫合固定串珠
前片（正面）
珍珠串珠穿至後片，固定

線軸圖案裁縫包

拿到可愛的布料時，總想要立刻作些什麼。
比起製作大件作品，這款布會更適合製作小物。
盒內無隔間，簡單的設計，
我猶豫著不知道放什麼物品才好，
索性就當成裁縫包使用。

作法 P.52

長20cm×寬20cm×高3.5cm

針插

隨性製作的麻布針插，搭上我喜歡的紅色繡線。白色的珠針是法國古董，其他小型針是將絲針貼上串珠製作而成。

作法 P.64

長9cm×寬5cm×高4cm

33
32

盒內空間無隔間，
可以隨意放入喜歡的物品使用。

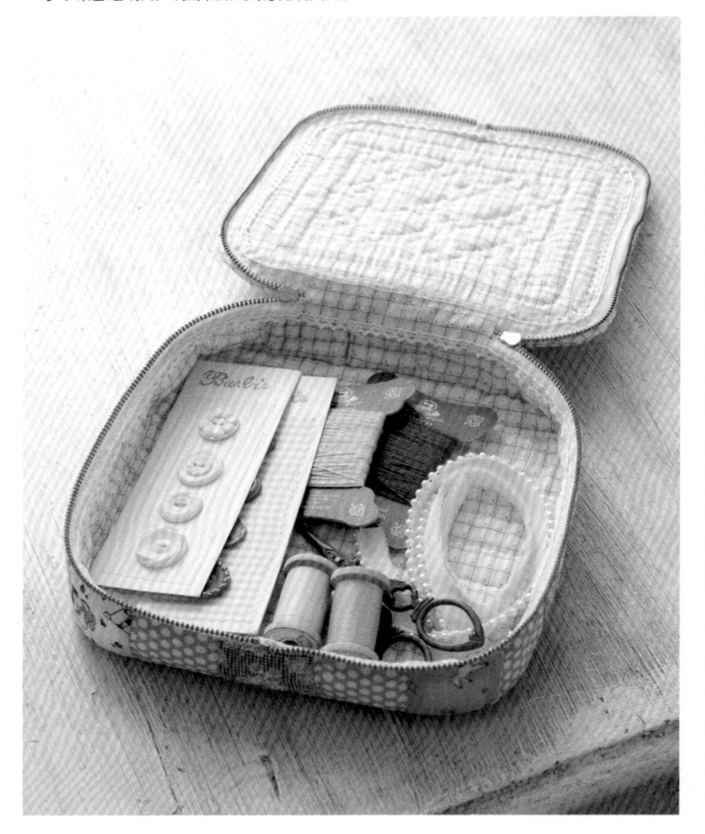

繽紛配色，非常可愛的
線軸圖案。

提把加上蕾絲。

以少許印花布增添作品的設計感。

P.50 32 線軸圖案裁縫包

材料

拼接・裝飾布 適量
拼布用布（白色）寬25cm 25cm
表布（黃綠色）寬60cm 30cm
鋪棉　寬75cm 30cm
裡布（印花布）寬75cm 30cm
拉鍊（30cm）2條
平版繩帶（寬2cm）14cm
蕾絲（寬1.2cm）14cm（提把用）
蕾絲（寬0.7cm）250cm

原寸紙型 B面

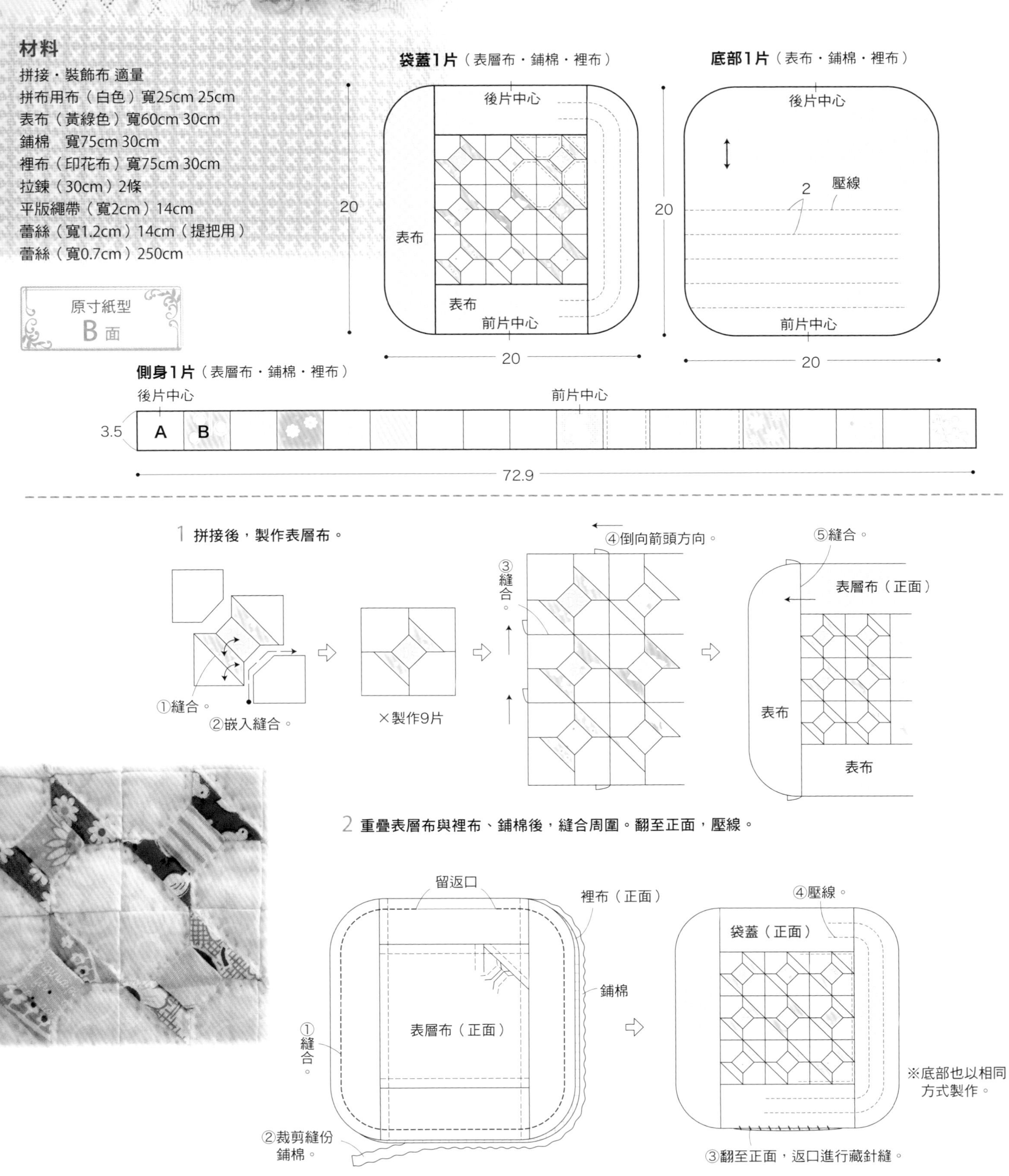

袋蓋1片（表層布・鋪棉・裡布）
後片中心
表布
表布
前片中心
20
20
底部1片（表布・鋪棉・裡布）
後片中心
2
壓線
前片中心
20
20
側身1片（表層布・鋪棉・裡布）
後片中心
前片中心
3.5
A
B
72.9
①縫合。
②嵌入縫合。
×製作9片
③縫合。
④倒向箭頭方向。
⑤縫合。
表層布（正面）
表布
表布
留返口
裡布（正面）
鋪棉
①縫合。
表層布（正面）
②裁剪縫份鋪棉。
④壓線。
袋蓋（正面）
③翻至正面，返口進行藏針縫。
※底部也以相同方式製作。

1 拼接後，製作表層布。

2 重疊表層布與裡布、鋪棉後，縫合周圍。翻至正面，壓線。

3 拼接側面，縫合周圍，壓線。

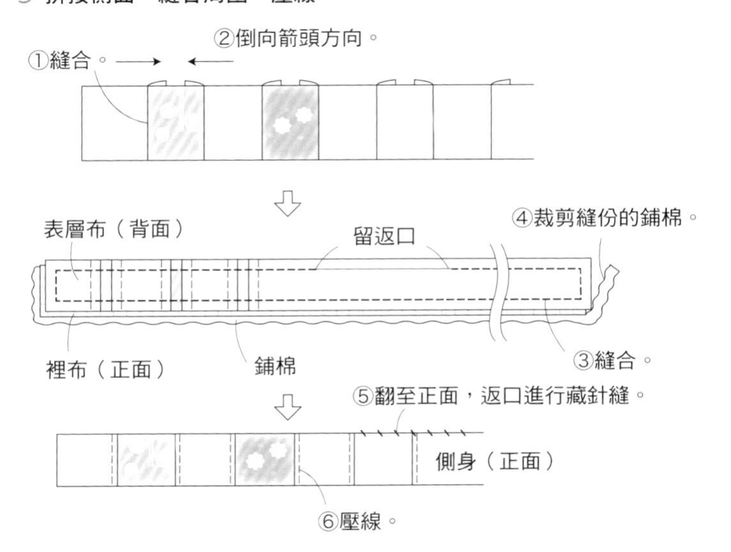
②倒向箭頭方向。
①縫合。
表層布（背面）
留返口
④裁剪縫份的鋪棉。
裡布（正面）
鋪棉
③縫合。
⑤翻至正面，返口進行藏針縫。
側身（正面）
⑥壓線。

4 縫合側面脇邊，對齊底部，以細針趾進行捲針縫。

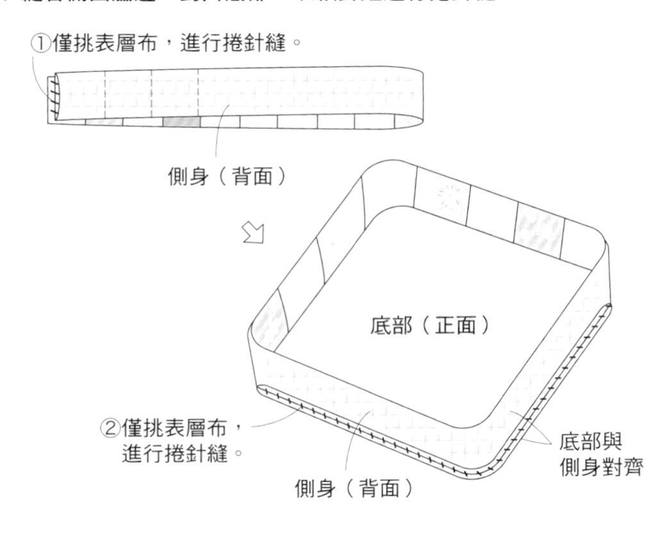
①僅挑表層布，進行捲針縫。
側身（背面）
底部（正面）
②僅挑表層布，
進行捲針縫。
側身（背面）
底部與
側身對齊

5 袋蓋與側面取2股線縫合固定拉鍊。
縫至袋蓋及側面的開口停止處。

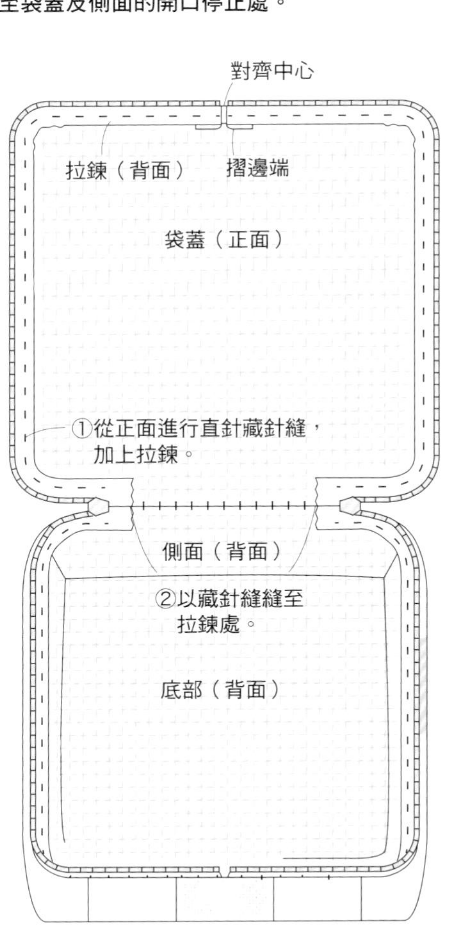
對齊中心
拉鍊（背面）
摺邊端
袋蓋（正面）
①從正面進行直針藏針縫，
加上拉鍊。
側面（背面）
②以藏針縫縫至
拉鍊處。
底部（背面）

6 加上補強布，縫合固定蕾絲。

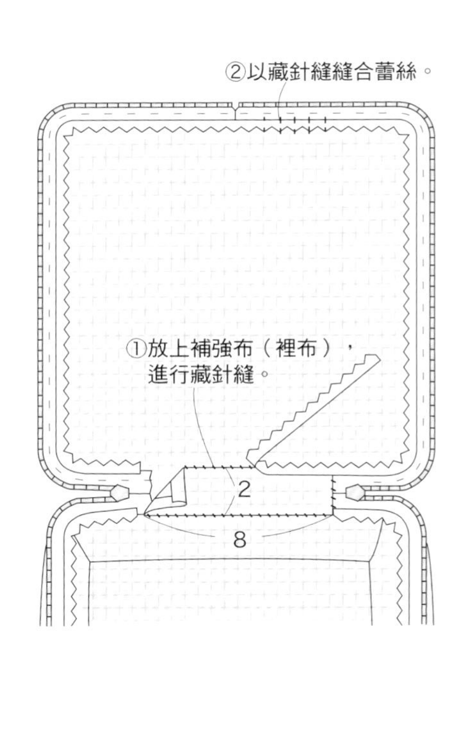
②以藏針縫縫合蕾絲。
①放上補強布（裡布），
進行藏針縫。
2
8

7 平面繩帶加上蕾絲，包覆邊端，
製作提把。

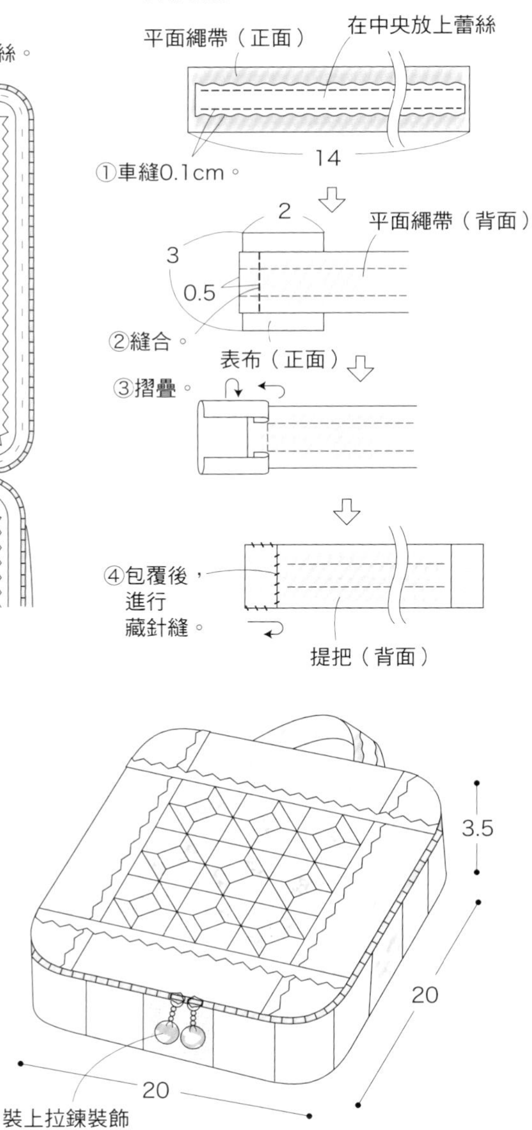
平面繩帶（正面）
在中央放上蕾絲
①車縫0.1cm。
14
2
平面繩帶（背面）
3
0.5
②縫合。
表布（正面）
③摺疊。
④包覆後，
進行
藏針縫。
提把（背面）
3.5
20
20
裝上拉鍊裝飾

8 提把縫合固定於側面。

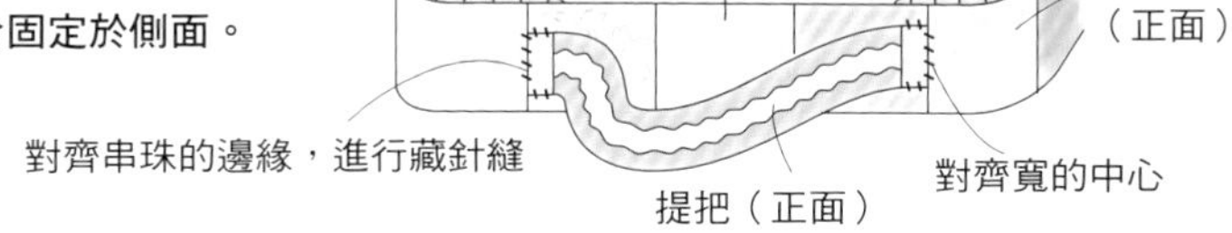
袋蓋（正面）
後片中心
側身
（正面）
對齊串珠的邊緣，進行藏針縫
提把（正面）
對齊寬的中心

保特瓶袋

保特瓶袋是外出的必需品。能吸附水滴，可清洗的拼布最適合使用於保特瓶袋。

作法 P.78

直徑7.6cm×高20.5cm

飯糰袋

輕鬆&快速就能拿取，
外出時的飯糰最美味了！
裝在這個袋子裡就更放心。

作法 P.79

長7cm×寬11cm×側身8cm

34
35

將保特瓶袋上的提籃圖案圍成圈，十分可愛。

開口是緊拉封口的束口袋，
拉繩頭裝上圓球裝飾。

在袋蓋上設計與保特瓶袋相同的圖案。

波奇包製作成能放入飯糰的三角形。
釦帶加上魔鬼氈。

36
37
38
39
40

杯墊

六角形造型種類變化豐富。
挑選出一小部分，
製作出可愛的杯墊。

作法 P.58

約13㎝

41

托盤

六角形的托盤。製作出像雜貨一樣的作品，真是令人愉悅！放在玄關使用，每當一回到家時，就能立即感到放鬆且安心。

作法 P.60

直徑約24㎝

P.56 36至40 杯墊

材料

拼布用布 合計寬20cm 15cm
邊框、後片用布 寬20cm 15cm
鋪棉　寬15cm 15cm
※材料36.至40.共用

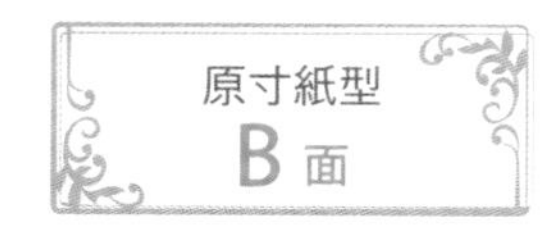
原寸紙型
B 面

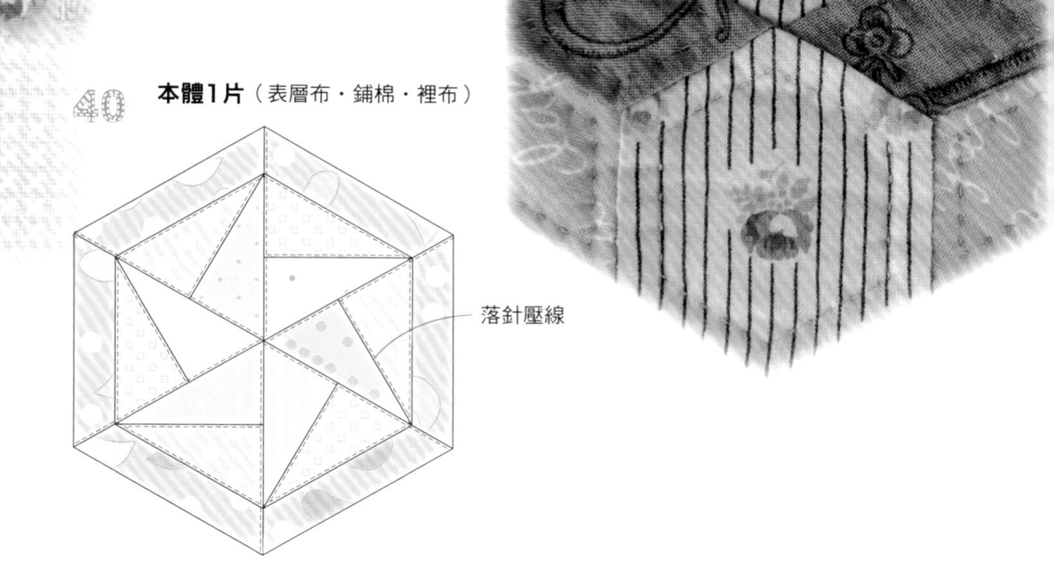
40
本體1片（表層布・鋪棉・裡布）
落針壓線

1 拼接後，製作表層布。

2 重疊表層布與裡布、鋪棉，縫合周圍。

3 翻至正面，壓線。

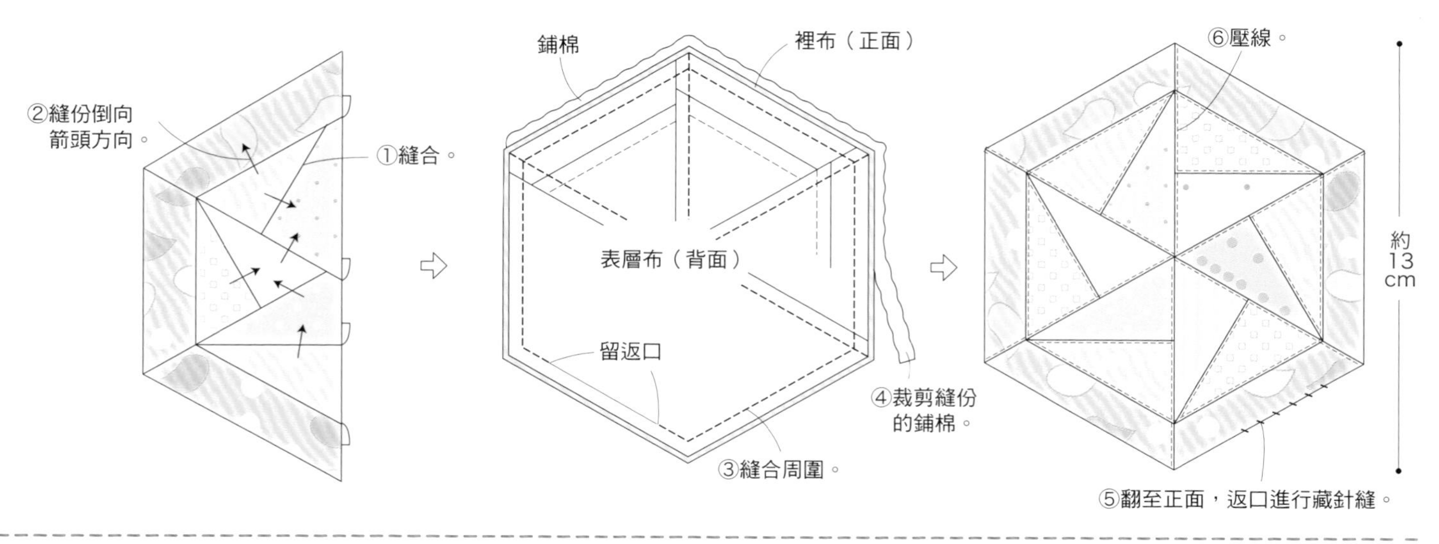
②縫份倒向
箭頭方向。
①縫合。
鋪棉
裡布（正面）
表層布（背面）
留返口
④裁剪縫份
的鋪棉。
③縫合周圍。
⑥壓線。
約
13
cm
⑤翻至正面，返口進行藏針縫。

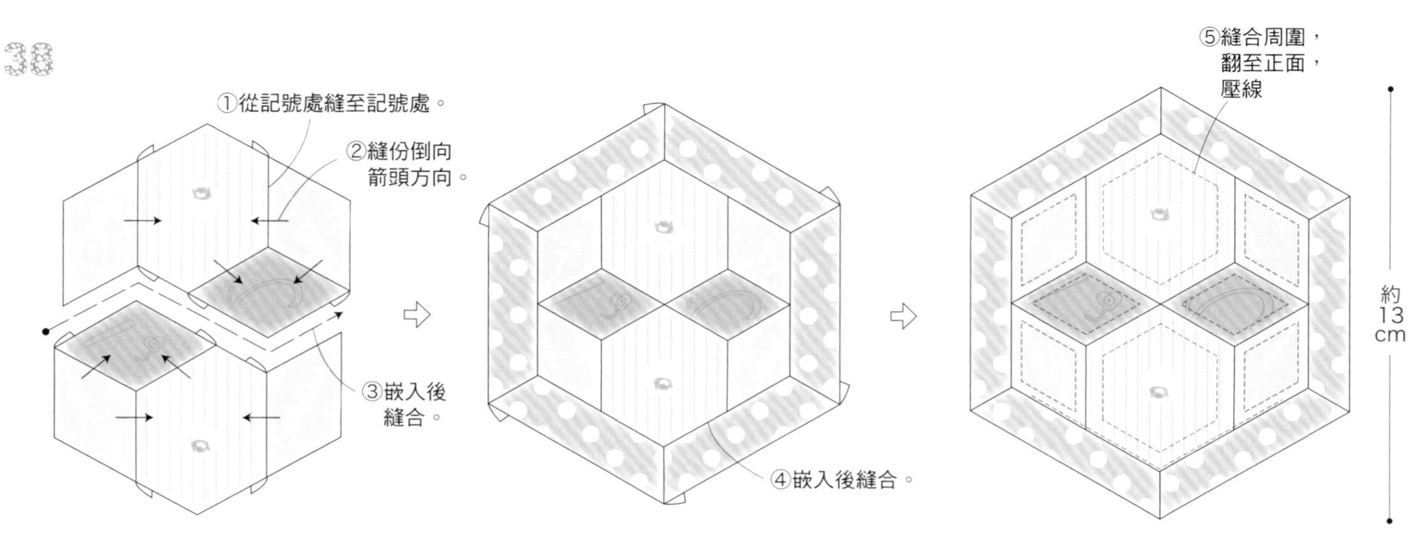
38
①從記號處縫至記號處。
②縫份倒向
箭頭方向。
③嵌入後
縫合。
④嵌入後縫合。
⑤縫合周圍，
翻至正面，
壓線
約
13
cm

39

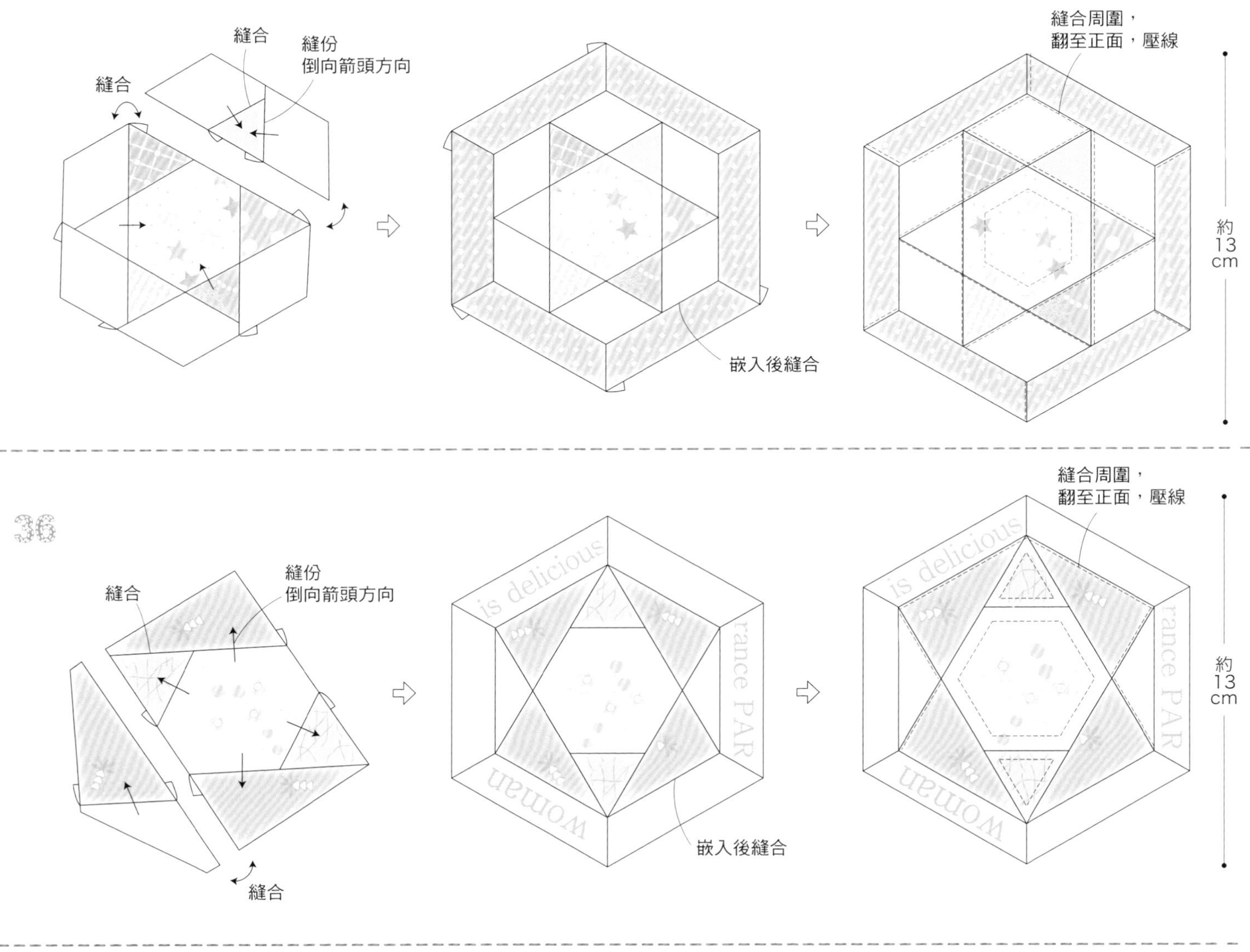
縫合
縫份
倒向箭頭方向
縫合
嵌入後縫合
縫合周圍，
翻至正面，壓線
約
13
cm
36
縫合
縫份
倒向箭頭方向
縫合
嵌入後縫合
縫合周圍，
翻至正面，壓線
約
13
cm

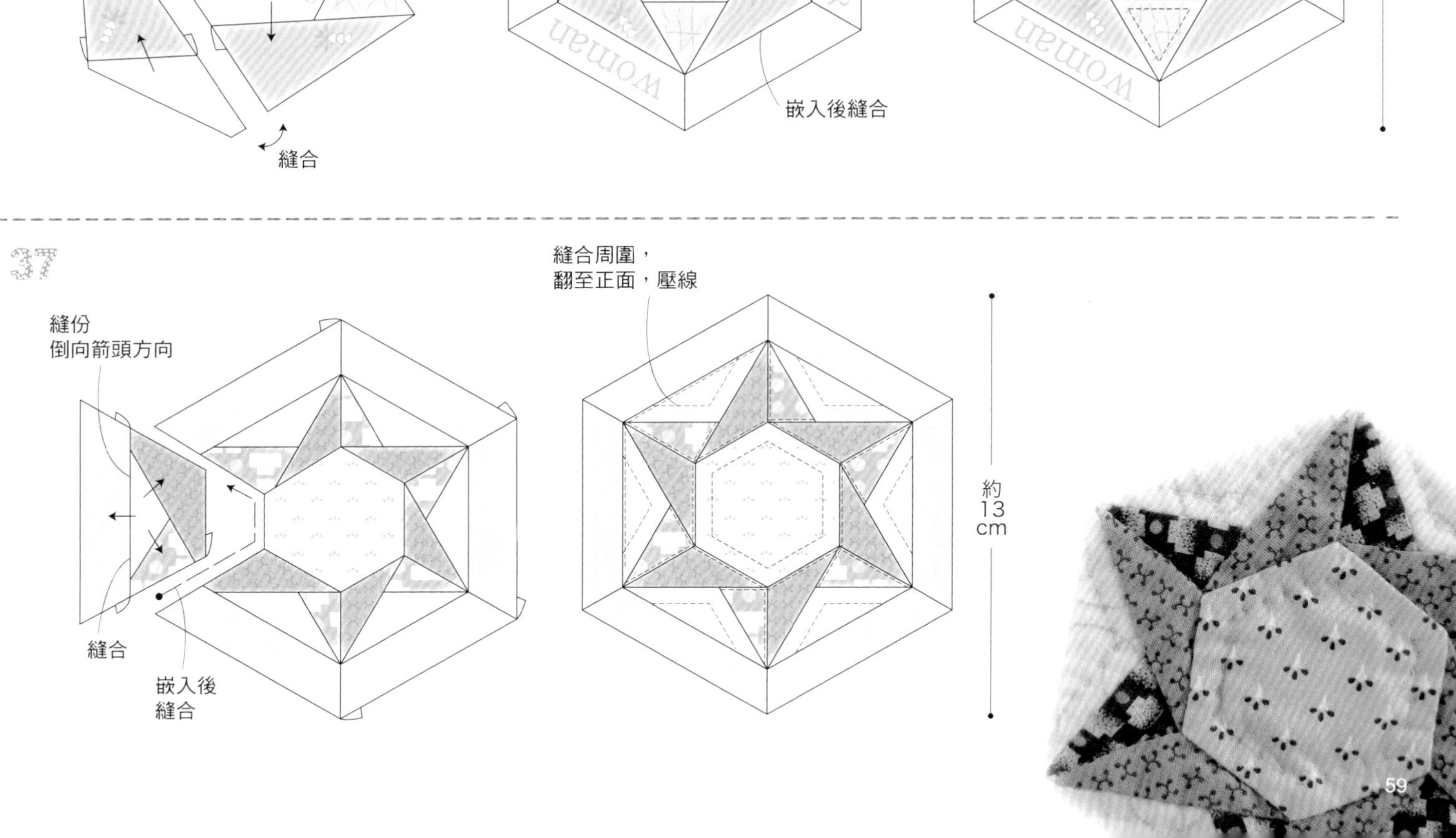
37
縫份
倒向箭頭方向
縫合
嵌入後
縫合
縫合周圍，
翻至正面，壓線
約
13
cm

P.57 41 托盤

材料

貼布縫用布 適量
表布（米色）寬合計40cm 20cm
別布（棕色圓點）寬15cm 15cm
鋪棉　寬30cm 30cm
裡布（各種格紋）寬50cm 20cm
底襯　30cm×30cm
25號繡線
（紅色・黃色・綠色・黃綠色・米色・原色・白色・藍色・水藍色）
蠟線（原色）

※使用底襯微彎程度的硬度（透明檔案夾約2片）
※刺繡參考P.87。

原寸紙型
B面

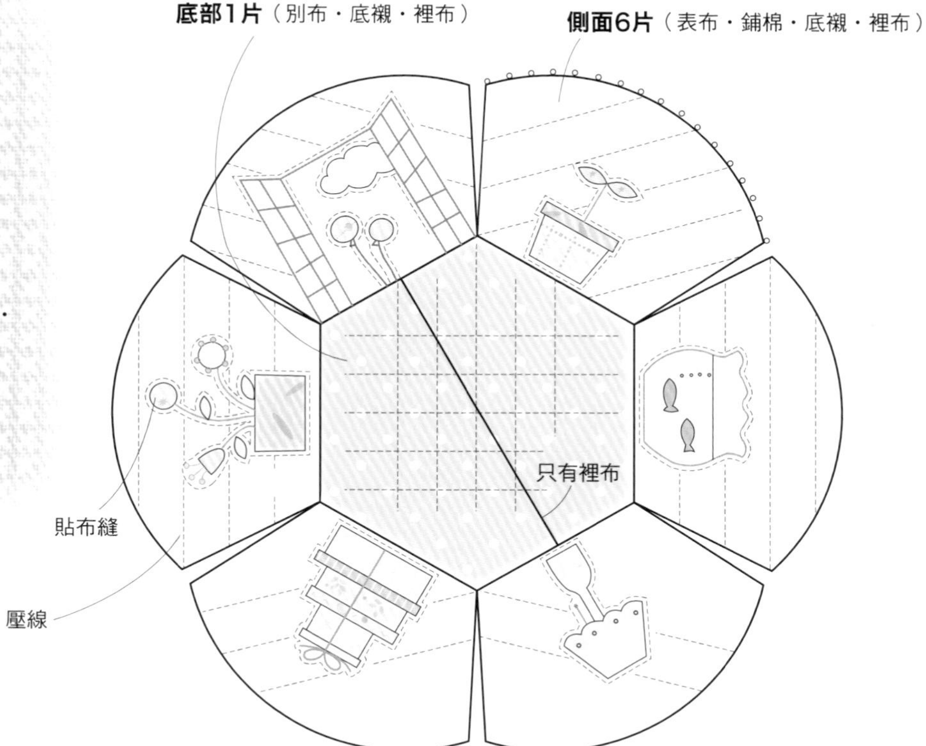

底部1片（別布・底襯・裡布）
側面6片（表布・鋪棉・底襯・裡布）
只有裡布
貼布縫
壓線

1 縫合裡布的底部中心。

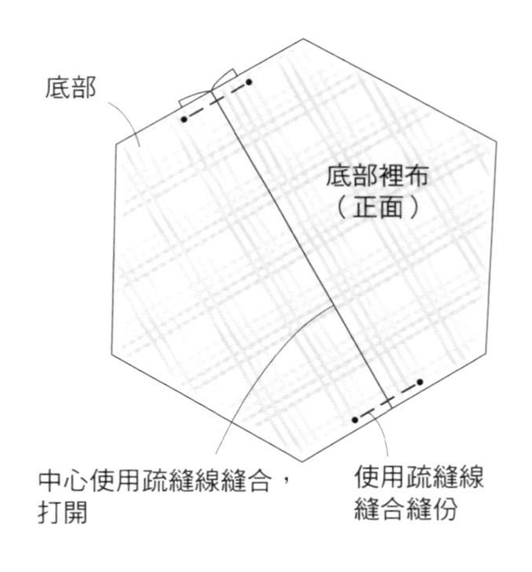

底部
底部裡布
（正面）
中心使用疏縫線縫合，
打開
使用疏縫線
縫合縫份

2 側面進行貼布縫。

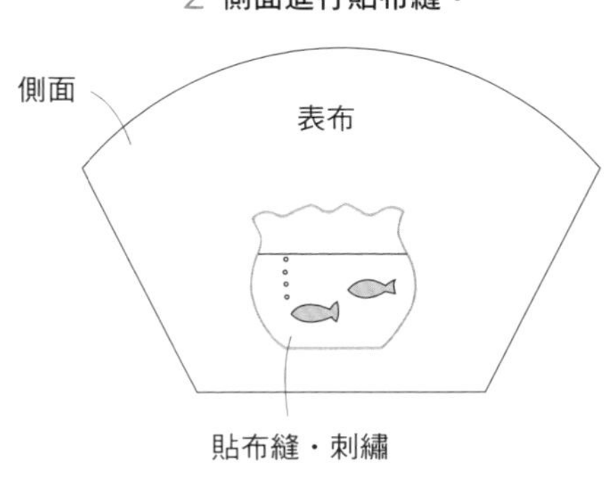

側面
表布
貼布縫・刺繡

3 縫合底部與側面，壓線。

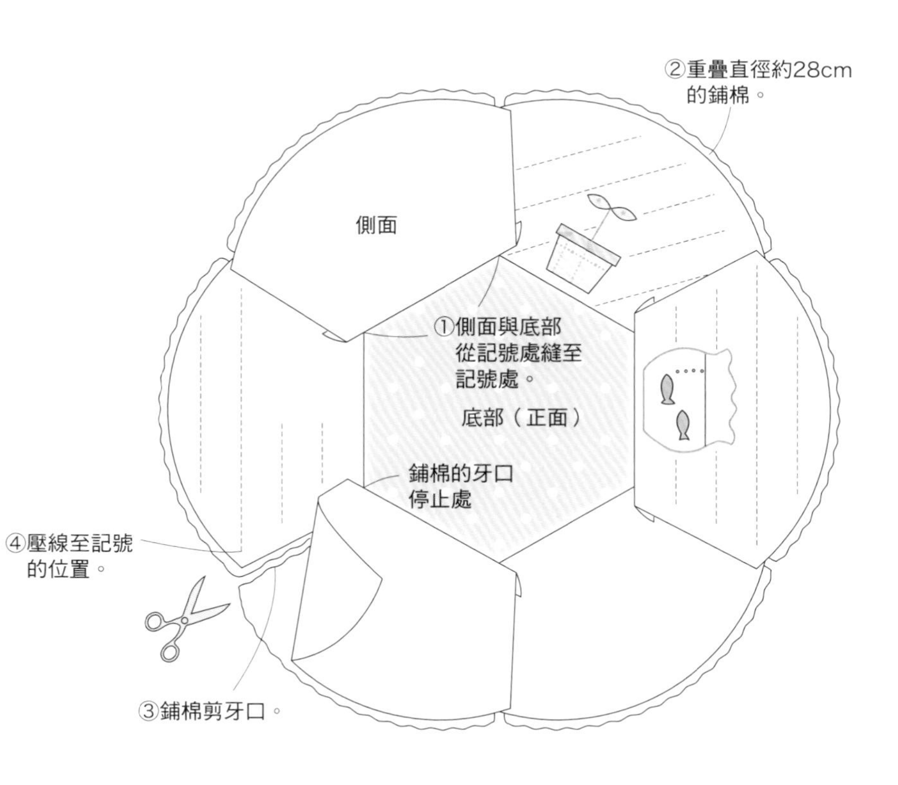

②重疊直徑約28cm
的鋪棉。
側面
①側面與底部
從記號處縫至
記號處。
底部（正面）
鋪棉的牙口
停止處
④壓線至記號
的位置。
③鋪棉剪牙口。

4 縫合底部裡布與側面裡布。各自縫合側面的周圍。

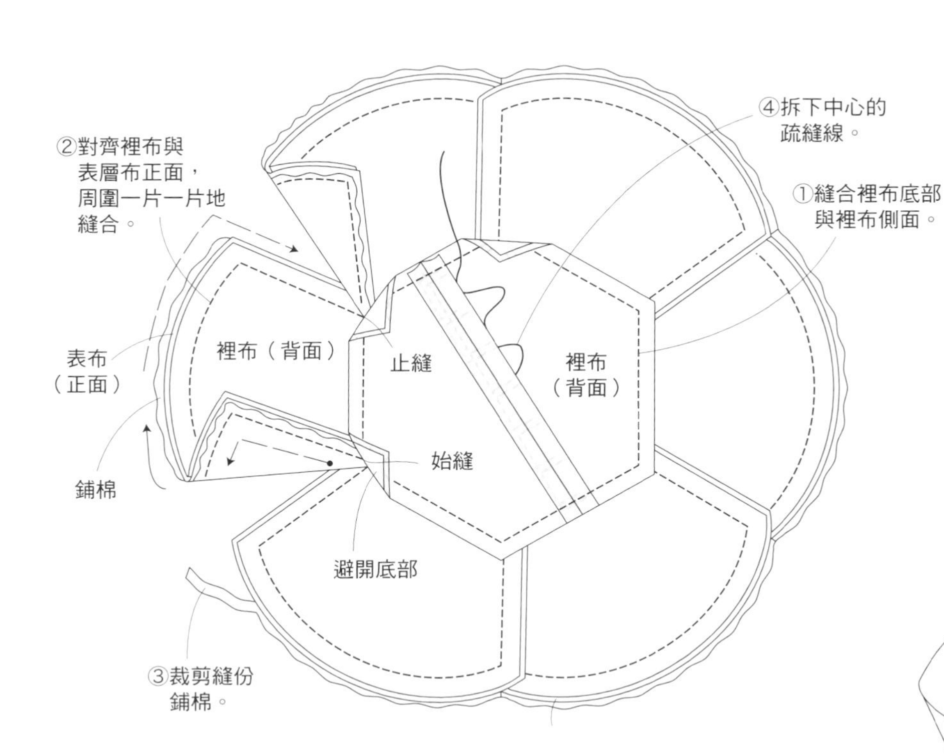
④拆下中心的
疏縫線。
②對齊裡布與
表層布正面，
周圍一片一片地
縫合。
①縫合裡布底部
與裡布側面。
裡布（背面）
止縫
裡布
（背面）
表布
（正面）
始縫
鋪棉
避開底部
③裁剪縫份
鋪棉。

5 翻至正面，側面以細針趾進行捲針縫。

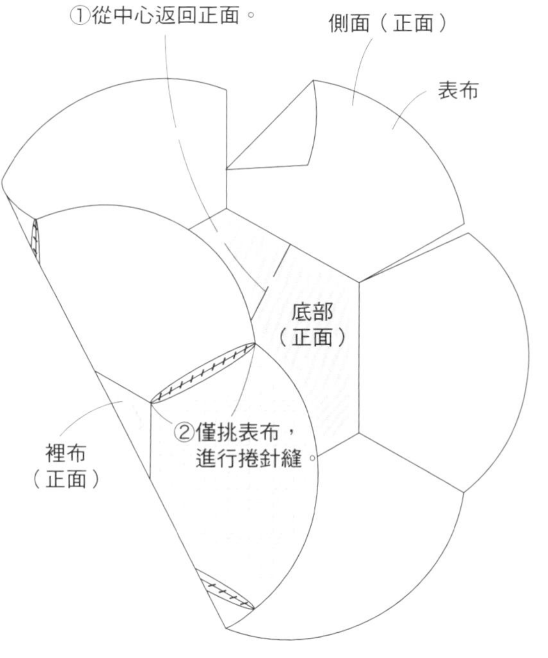
①從中心返回正面。
側面（正面）
表布
底部
（正面）
裡布
（正面）
②僅挑表布，
進行捲針縫。

6 從底部裡布放入側面底襯，縫合接合處。最後底部放入底襯，進行藏針縫。

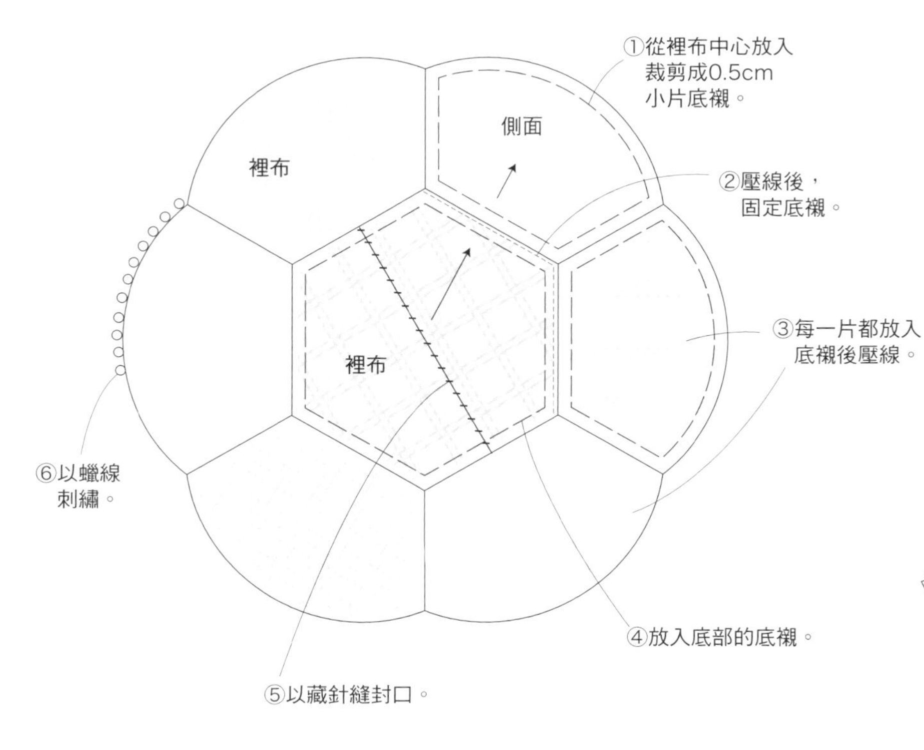
①從裡布中心放入
裁剪成0.5cm
小片底襯。
側面
裡布
②壓線後，
固定底襯。
裡布
③每一片都放入
底襯後壓線。
⑥以蠟線
刺繡。
④放入底部的底襯。
⑤以藏針縫封口。

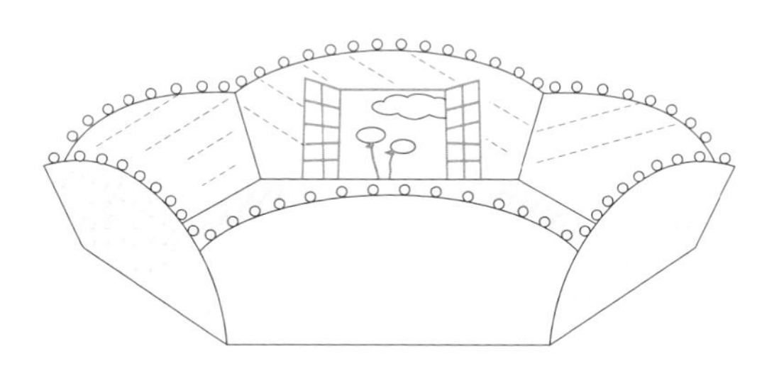
約24cm

小鳥圖案擺飾

「不實用也沒關係，就來製作可愛的針插吧！」腦中這麼想著而完成的作品，完成後卻發現小鳥無法作為針插使用……那就當作房間內的擺飾吧！

作法 P.64

直徑約11cm×高約9cm

萬用巾

「麻布與紅色刺繡」正是我所憧憬、井然有序的生活景象。蓋於提籃上方、裝飾於牆壁。融入生活中且能讓心情感到平靜的生活小物，希望能用心製作出更多作品。

作法 P.84

長28.8cm×寬28.8cm

43
42

直挺挺地放於花朵上，討人喜歡的小鳥。

圓圓的尾巴，背影也很可愛。
翅膀及花瓣的縫法也很吸睛。

繡上能帶來幸福的鴿子圖案。
邊框使用美麗的四角形布片裝飾，呈現熱鬧氛圍。

P.50 33 針插

材料

表布（亞麻）寬15cm 20cm
印花布2種 各寬7cm 6cm
裡布（白色素色）寬25cm 20cm
25號繡線（紅色）

※刺繡參考P.87。

原寸紙型
B面

1 重疊表布與裡布，抓褶，縫合。

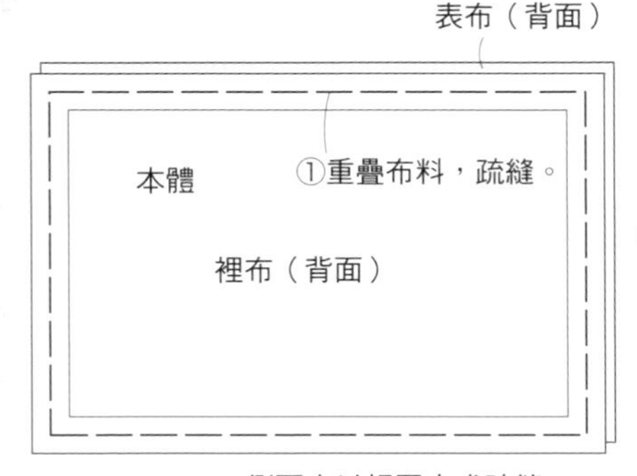

表布（背面）
本體
①重疊布料，疏縫。
裡布（背面）

※側面也以相同方式疏縫。

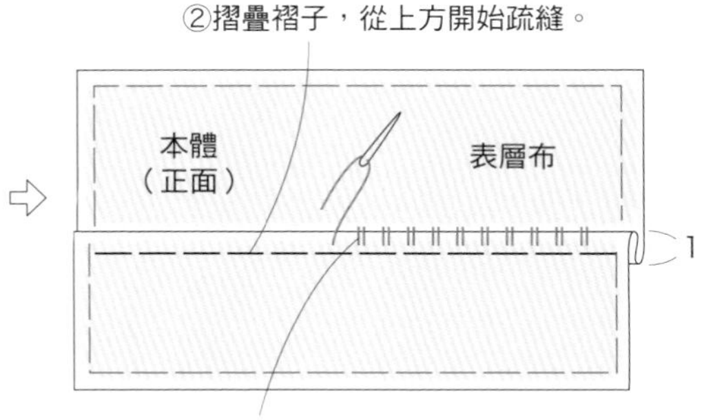

②摺疊褶子，從上方開始疏縫。
本體
（正面）
表層布
1
③以直線繡縫合。

2 縫合脇邊，縫合側面。翻至正面，抓邊角縫合。

3 刺繡側面，製作邊飾流蘇。

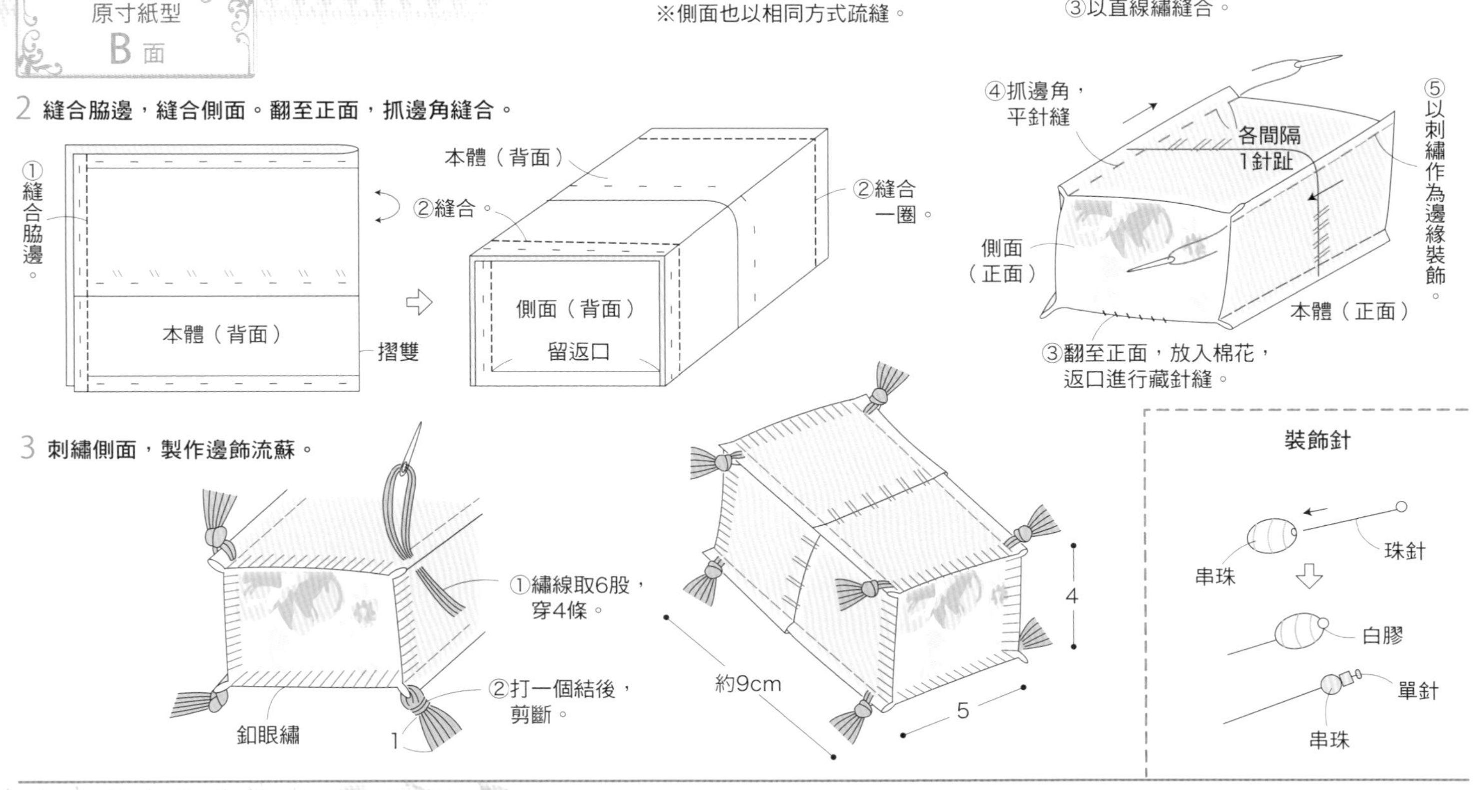

①縫合脇邊。
本體（背面）
摺雙
本體（背面）
②縫合。
②縫合一圈。
側面（背面）
留返口
④抓邊角，平針縫
各間隔1針趾
⑤以刺繡作為邊緣裝飾。
側面（正面）
本體（正面）
③翻至正面，放入棉花，返口進行藏針縫。
①繡線取6股，穿4條。
②打一個結後，剪斷。
釦眼繡
1
約9cm
4
5
裝飾針
串珠
珠針
白膠
單針
串珠

P.62 42 小鳥圖案擺飾

材料

身體（藍色）合計寬15cm 20cm
羽毛（黃綠色）寬15cm 10cm
嘴部（橘色）寬5cm 5cm
尾巴（黃色）寬6cm 6cm
花瓣（粉紅）寬20cm 20cm
花蕊（薄荷色）寬12cm 12cm
鋪棉 寬20cm 15cm
底布（深綠色）寬30cm 15cm
手工藝用棉花 適量
25號繡線（深棕色・白色・綠色・藍色・漸層色線）

※刺繡參考P.87。

原寸紙型 B面

1 製作小鳥嘴部，一邊夾入一邊縫合身體。

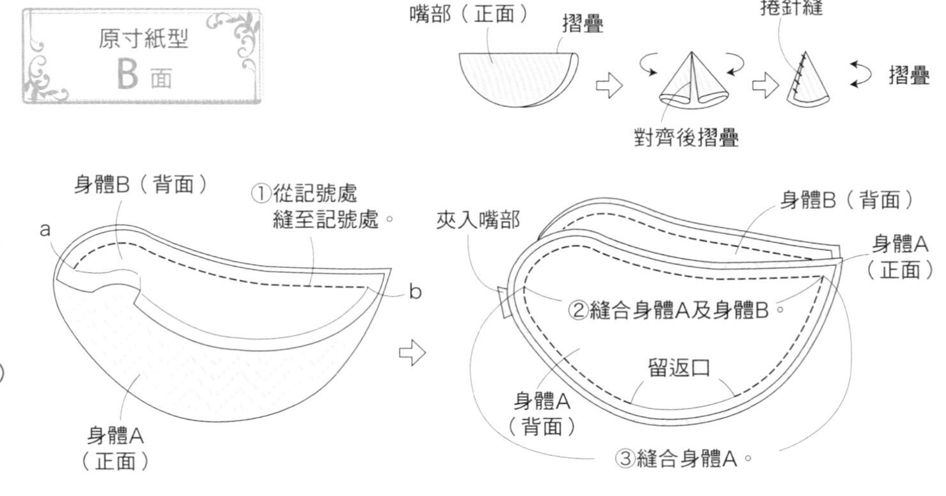

嘴部（正面）
摺疊
捲針縫
摺疊
對齊後摺疊
身體B（背面）
①從記號處縫至記號處。
a
b
身體A（正面）
夾入嘴部
身體B（背面）
身體A（正面）
②縫合身體A及身體B。
留返口
身體A（背面）
③縫合身體A。

2 翻至正面，塞入棉花。

3 製作翅膀，縫合固定於小鳥身上，加上尾巴。

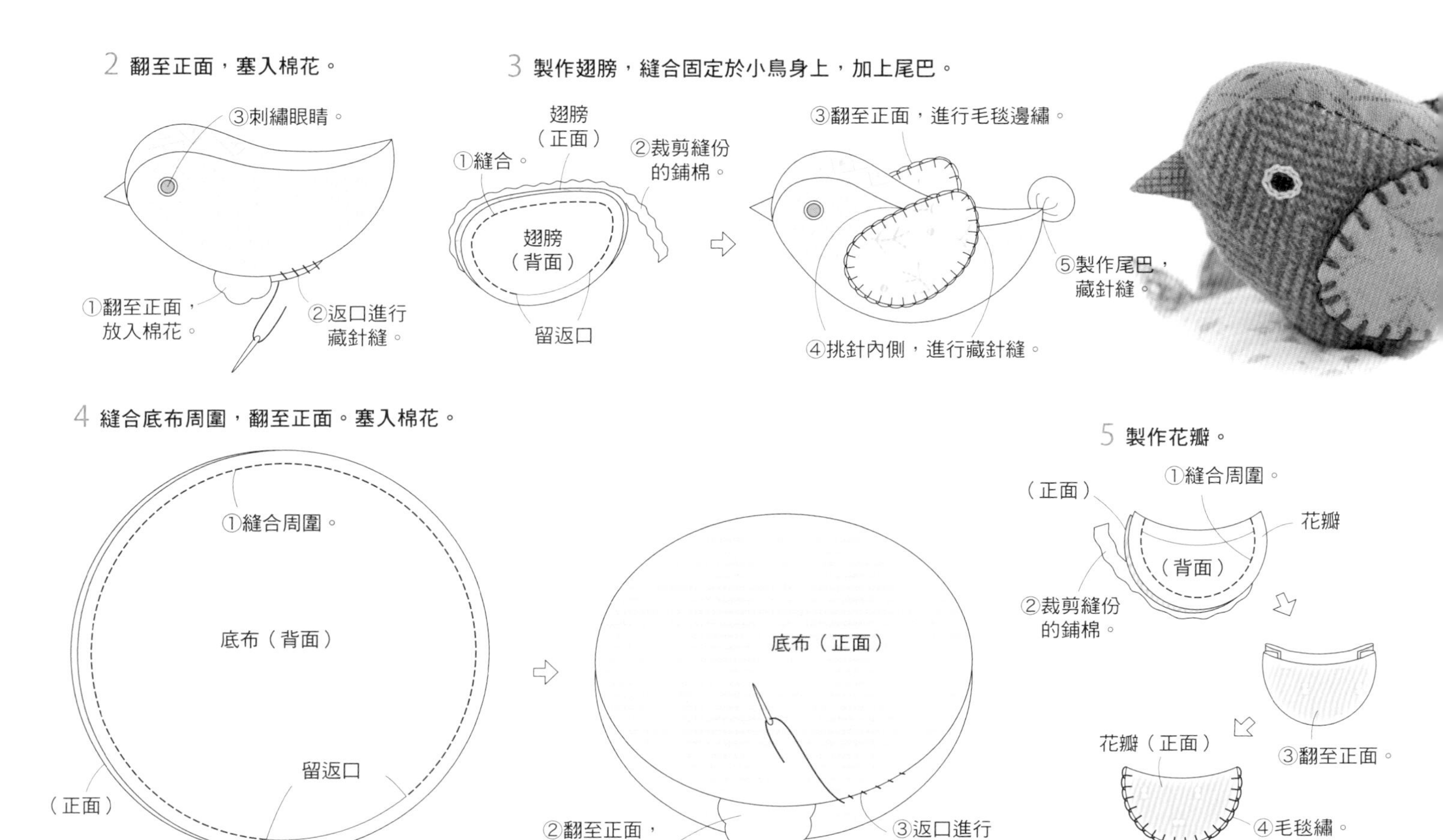
③刺繡眼睛。
①翻至正面，
放入棉花。
②返口進行
藏針縫。
翅膀
（正面）
①縫合。
②裁剪縫份
的鋪棉。
翅膀
（背面）
留返口
③翻至正面，進行毛毯邊繡。
⑤製作尾巴，
藏針縫。
④挑針內側，進行藏針縫。

4 縫合底布周圍，翻至正面。塞入棉花。

5 製作花瓣。

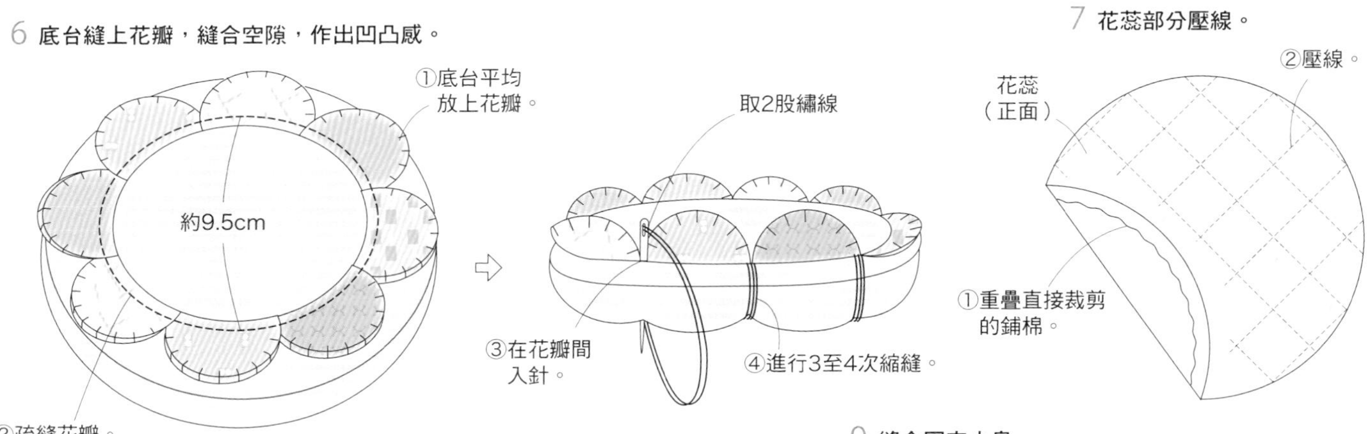
①縫合周圍。
底布（背面）
留返口
（正面）
底布（正面）
②翻至正面，
塞入棉花。
③返口進行
藏針縫。
①縫合周圍。
（正面）
花瓣
（背面）
②裁剪縫份
的鋪棉。
花瓣（正面）
③翻至正面。
④毛毯繡。
×製作8片

6 底台縫上花瓣，縫合空隙，作出凹凸感。

7 花蕊部分壓線。

8 底台縫合花蕊。底台刺繡。

9 縫合固定小鳥。

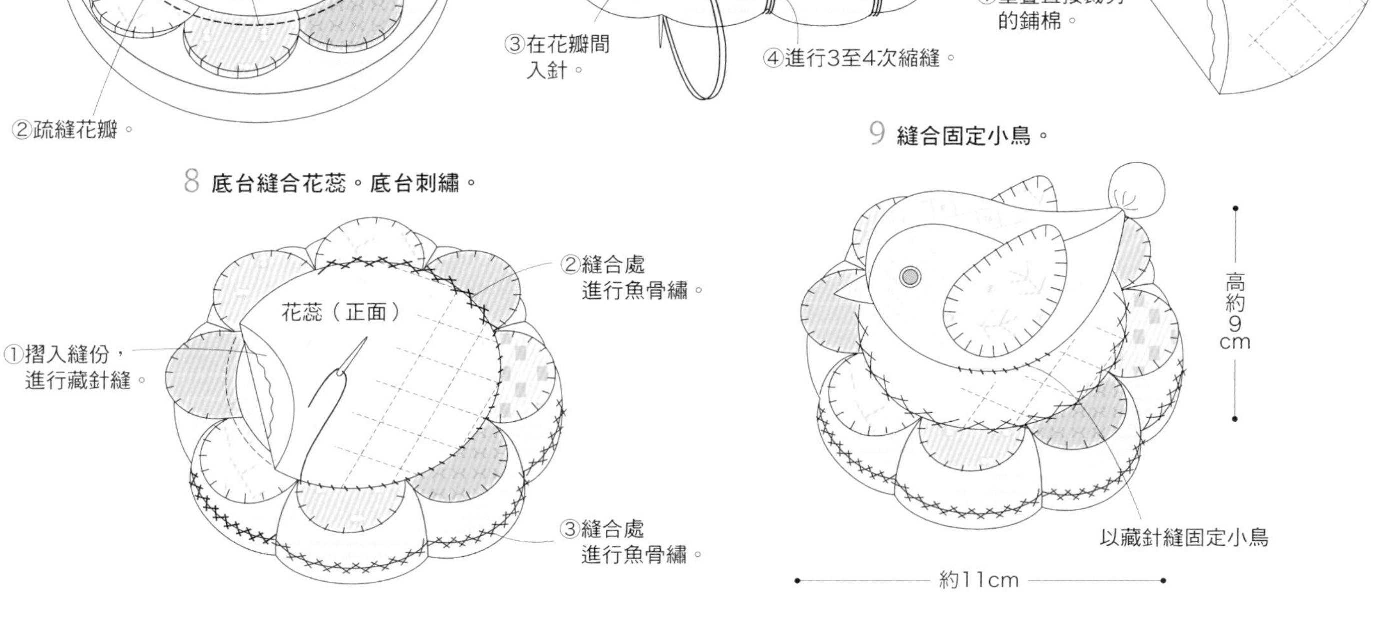
①底台平均
放上花瓣。
約9.5cm
②疏縫花瓣。
取2股繡線
③在花瓣間
入針。
④進行3至4次縮縫。
②壓線。
花蕊
（正面）
①重疊直接裁剪
的鋪棉。
花蕊（正面）
①摺入縫份，
進行藏針縫。
②縫合處
進行魚骨繡。
③縫合處
進行魚骨繡。
高約9cm
以藏針縫固定小鳥
約11cm

P.2 1 方形yoyo迷你包

材料

YOYO拼布（2種） 各寬45cm 30cm
表布（直條紋） 寬45cm 40cm
鋪棉 寬55cm 35cm
裡布（印花布） 寬55cm 35cm
珍珠串珠（直徑0.7cm）35個
提把（約38cm）1組

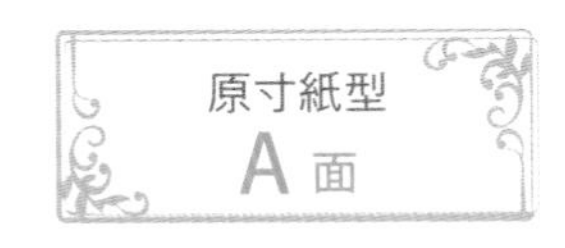
原寸紙型
A面

前袋布1片（YOYO拼布・鋪棉・裡布）

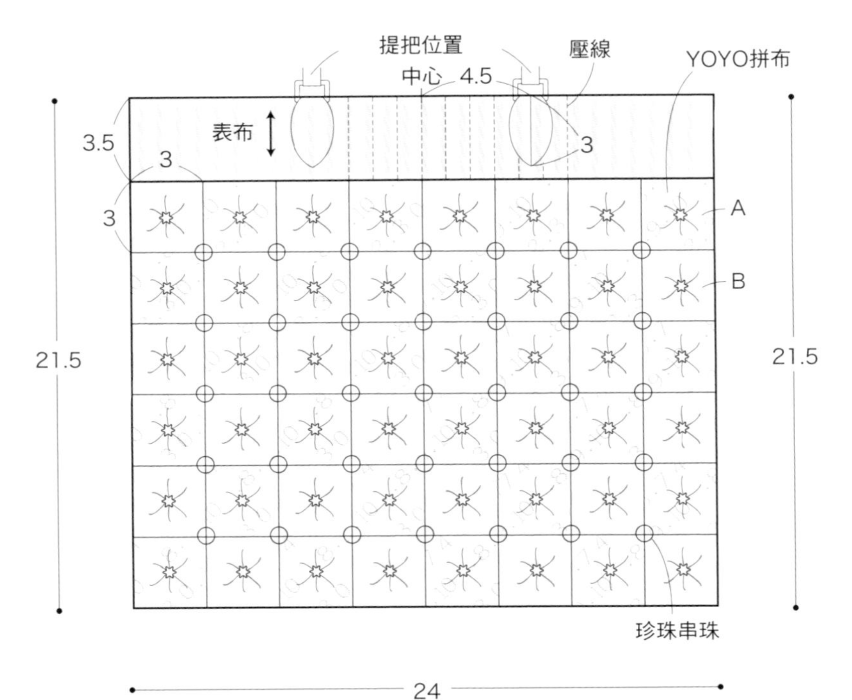
提把位置
壓線
中心
4.5
YOYO拼布
3.5
表布
3
3
3
A
B
21.5
21.5
珍珠串珠
24

後袋布1片（表布・鋪棉・裡布）

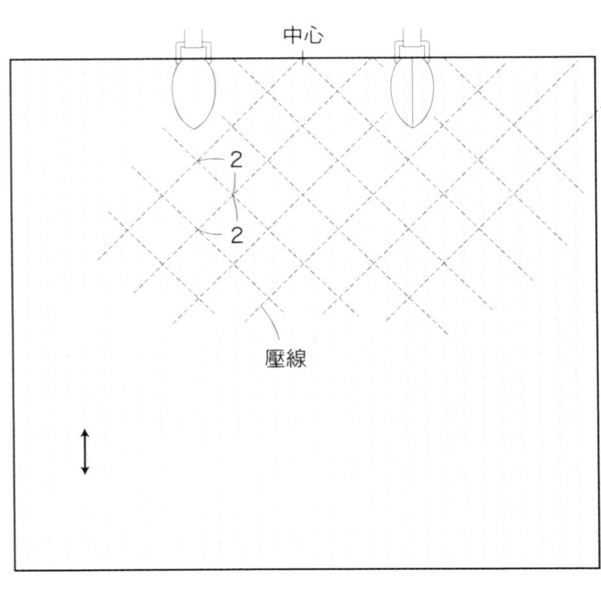
中心
2
2
壓線
24

底部1片（表布・鋪棉・裡布）

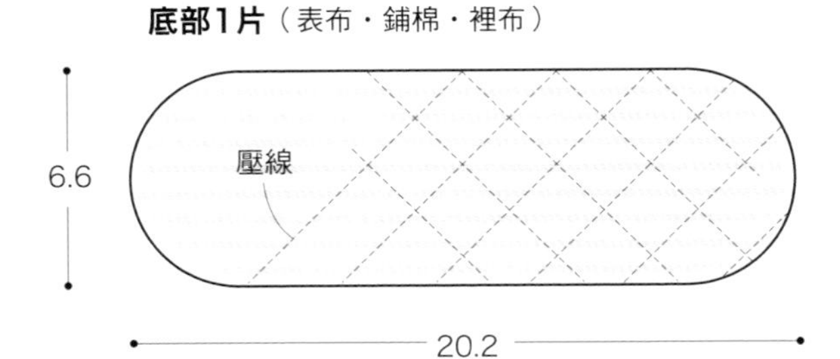
6.6
壓線
20.2

1 拼接前袋布。避開縫份後，連接8列×6行的YOYO拼布。

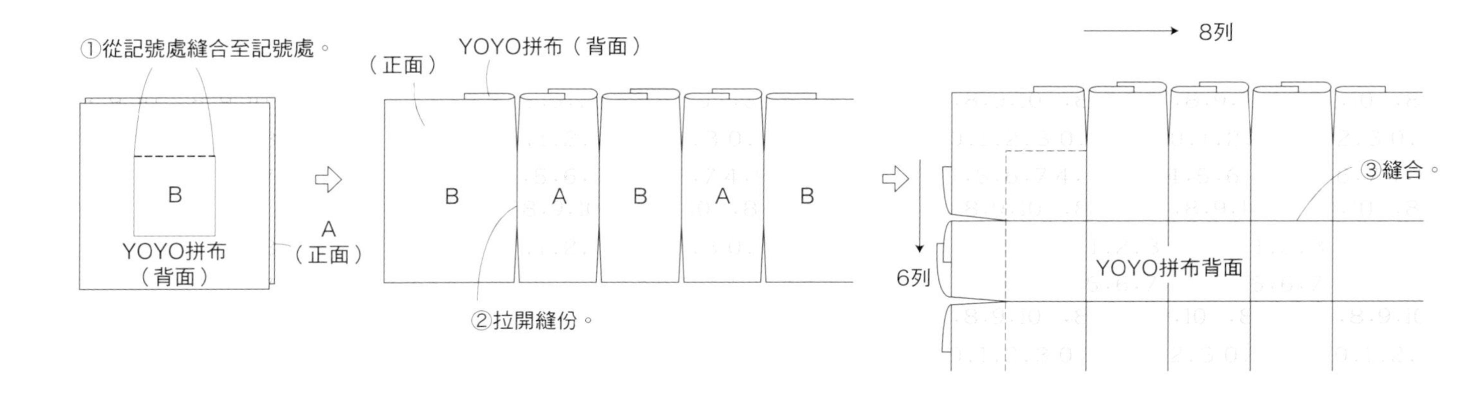

①從記號處縫合至記號處。
B
YOYO拼布
（背面）
A
（正面）
（正面）
YOYO拼布（背面）
B
A
B
A
B
②拉開縫份。
8列
6列
③縫合。
YOYO拼布背面

2 摺入縫份，進行平針縫，製作YOYO拼布。

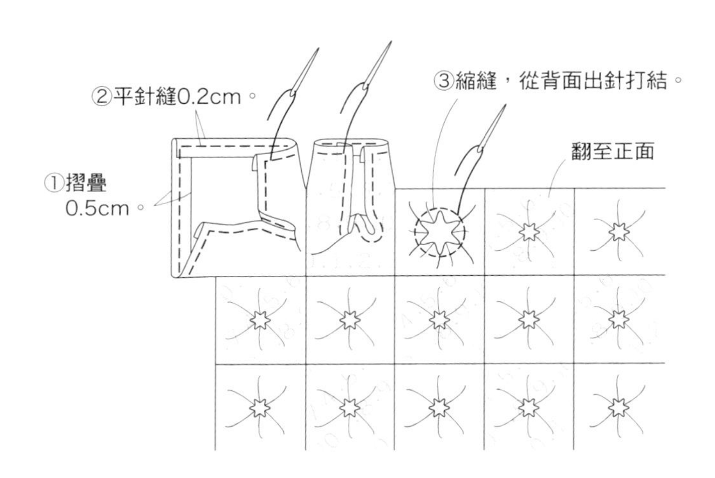

②平針縫0.2cm。
①摺疊
0.5cm。
③縮縫，從背面出針打結。
翻至正面

3 在YOYO拼布上縫上表布。

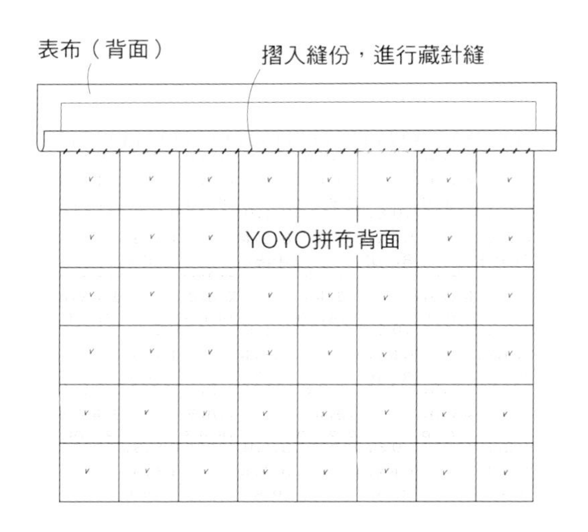

表布（背面）
摺入縫份，進行藏針縫
YOYO拼布背面

4 對齊裡布，縫合開口，摺入縫份。
夾入鋪棉，以藏針縫縫合周圍。

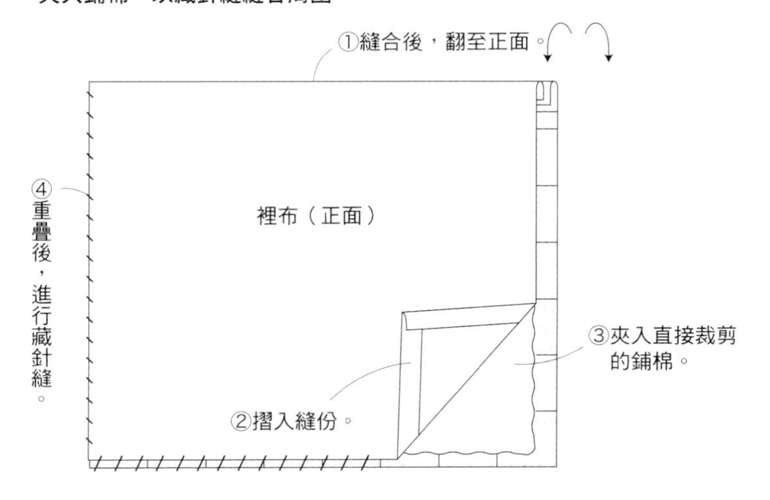

①縫合後，翻至正面。
④重疊後，進行藏針縫。
裡布（正面）
③夾入直接裁剪的鋪棉。
②摺入縫份。

5 表布壓線。縫合固定串珠。

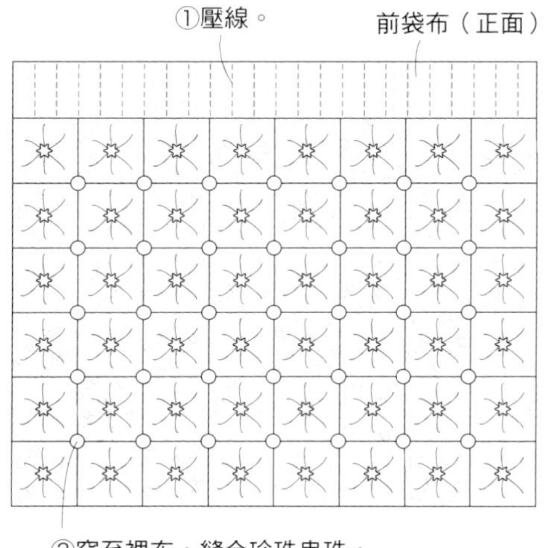

①壓線。
前袋布（正面）
②穿至裡布，縫合珍珠串珠。

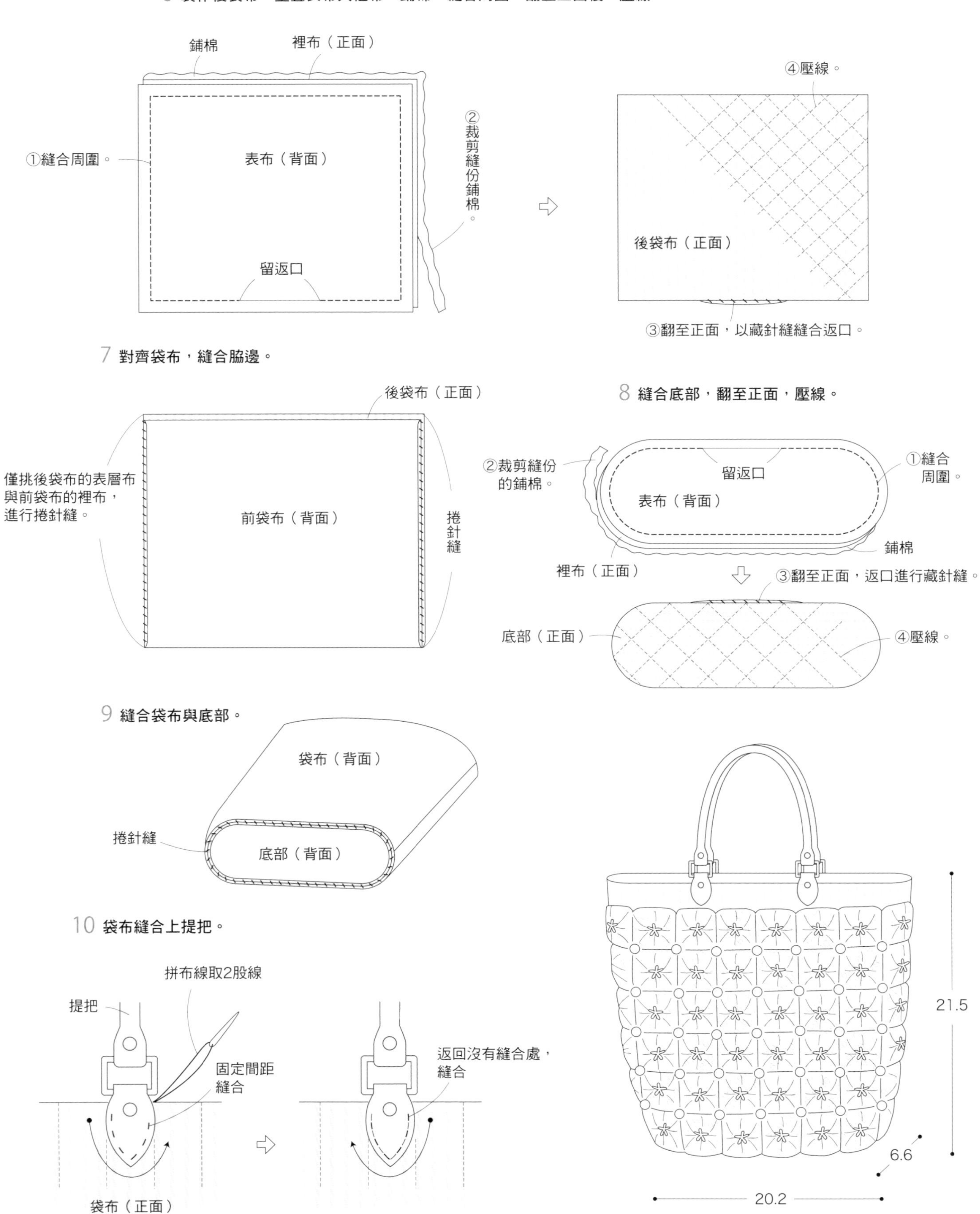
6 製作後袋布。重疊表布與裡布、鋪棉，縫合周圍。翻至正面後，壓線。
鋪棉
裡布（正面）
①縫合周圍。
表布（背面）
②裁剪縫份鋪棉。
留返口
④壓線。
後袋布（正面）
③翻至正面，以藏針縫縫合返口。
7 對齊袋布，縫合脇邊。
後袋布（正面）
僅挑後袋布的表層布
與前袋布的裡布，
進行捲針縫。
前袋布（背面）
捲針縫
8 縫合底部，翻至正面，壓線。
②裁剪縫份
的鋪棉。
留返口
①縫合
周圍。
表布（背面）
鋪棉
裡布（正面）
③翻至正面，返口進行藏針縫。
底部（正面）
④壓線。
9 縫合袋布與底部。
袋布（背面）
捲針縫
底部（背面）
10 袋布縫合上提把。
拼布線取2股線
提把
固定間距
縫合
返回沒有縫合處，
縫合
袋布（正面）
21.5
6.6
20.2

P.6 3 藍色迷你包

材料

貼布縫用布 適量
表布（淡灰色）寬60cm 30cm
別布（藍色）寬15cm 55cm
鋪棉　寬55cm 40cm
裡布（水藍色）　寬70cm 55cm
貼布襯（薄）寬55cm 20cm
拉鍊（22cm）1條
蕾絲（寬1cm）30cm
D形環（內尺寸1cm）2個
鈕釦 適量
磁釦（直徑1.5cm）2個
鍊條提把（42cm）1條

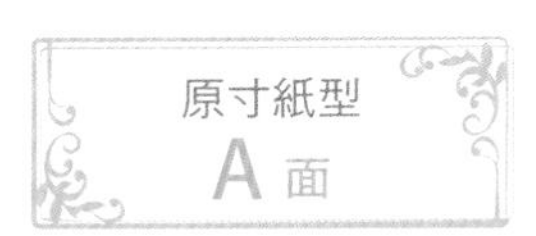

原寸紙型
A面

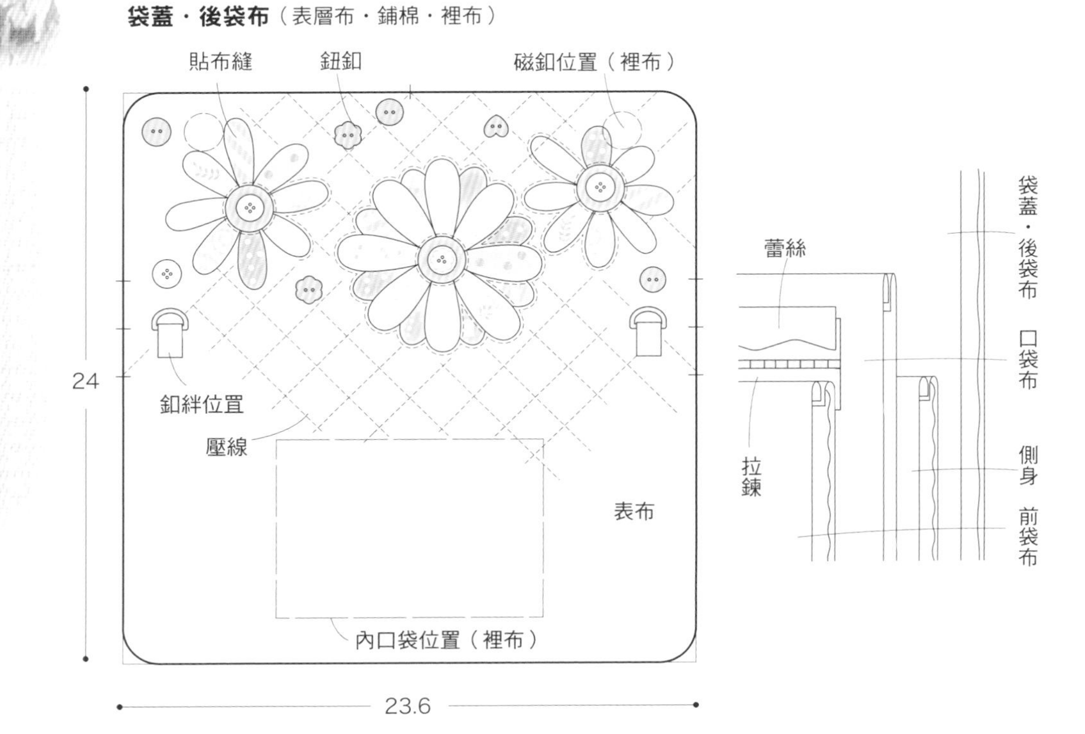

袋蓋・後袋布（表層布・鋪棉・裡布）
貼布縫
鈕釦
磁釦位置（裡布）
24
釦絆位置
壓線
表布
內口袋位置（裡布）
23.6
蕾絲
拉鍊
袋蓋・後袋布
口袋布
側身
前袋布

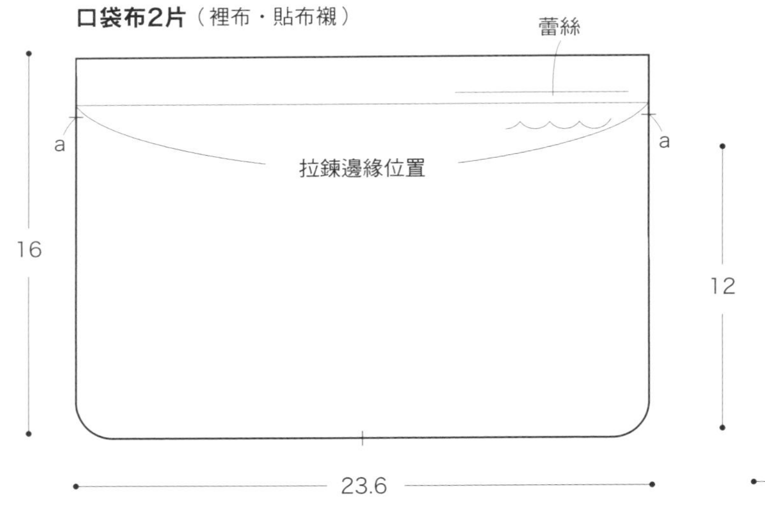

口袋布2片（裡布・貼布襯）
蕾絲
a
a
拉鍊邊緣位置
16
23.6

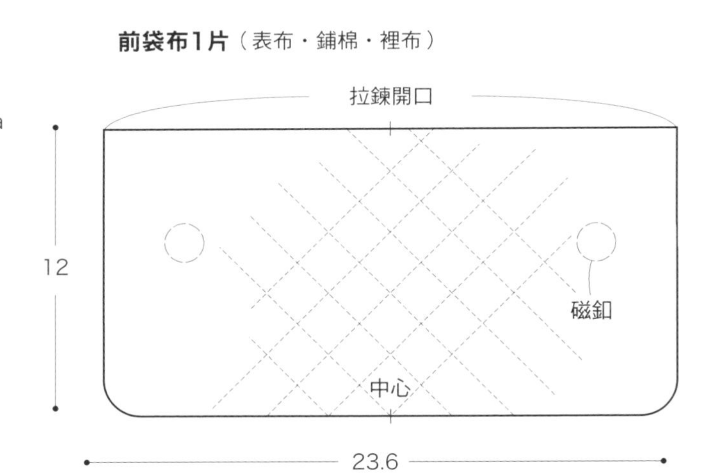

前袋布1片（表布・鋪棉・裡布）
拉鍊開口
12
磁釦
中心
23.6

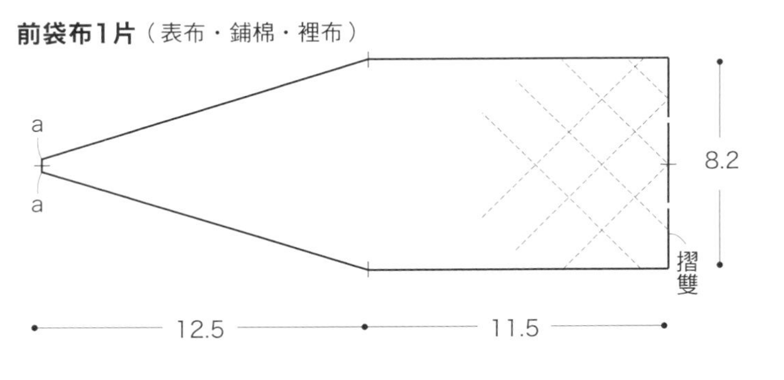

前袋布1片（表布・鋪棉・裡布）
a
a
8.2
摺雙
12.5
11.5

1 表層布進行貼布縫。

2 重疊表布與裡布、鋪棉，縫合周圍。

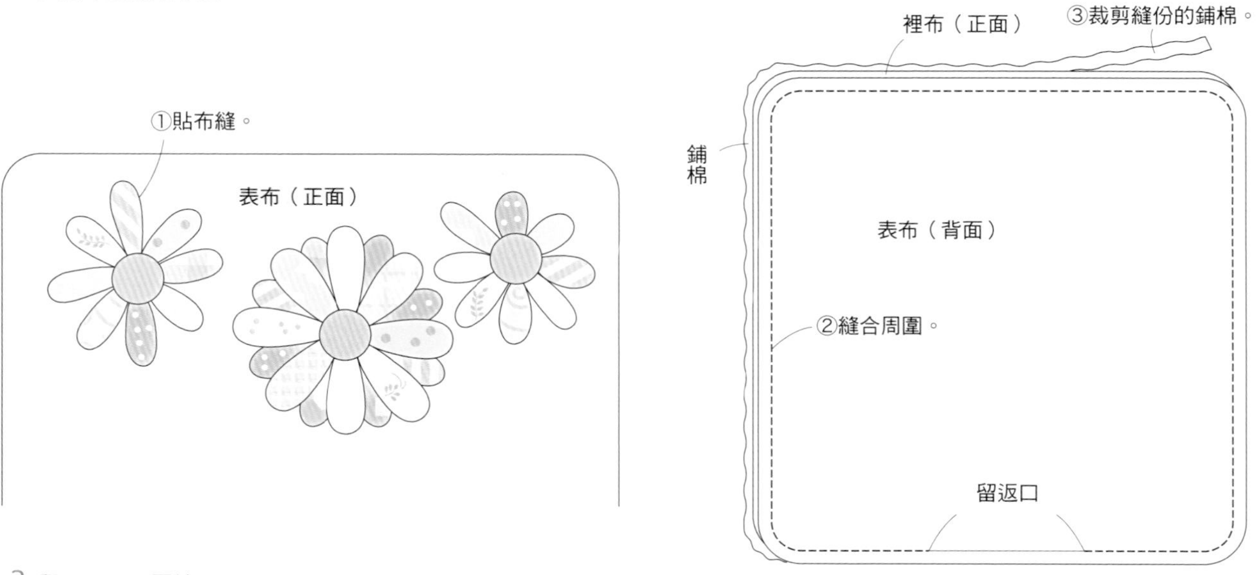
①貼布縫。
表布（正面）
裡布（正面）
③裁剪縫份的鋪棉。
鋪棉
表布（背面）
②縫合周圍。
留返口

3 翻至正面，壓線。

4 製作內口袋，縫合固定於袋布。

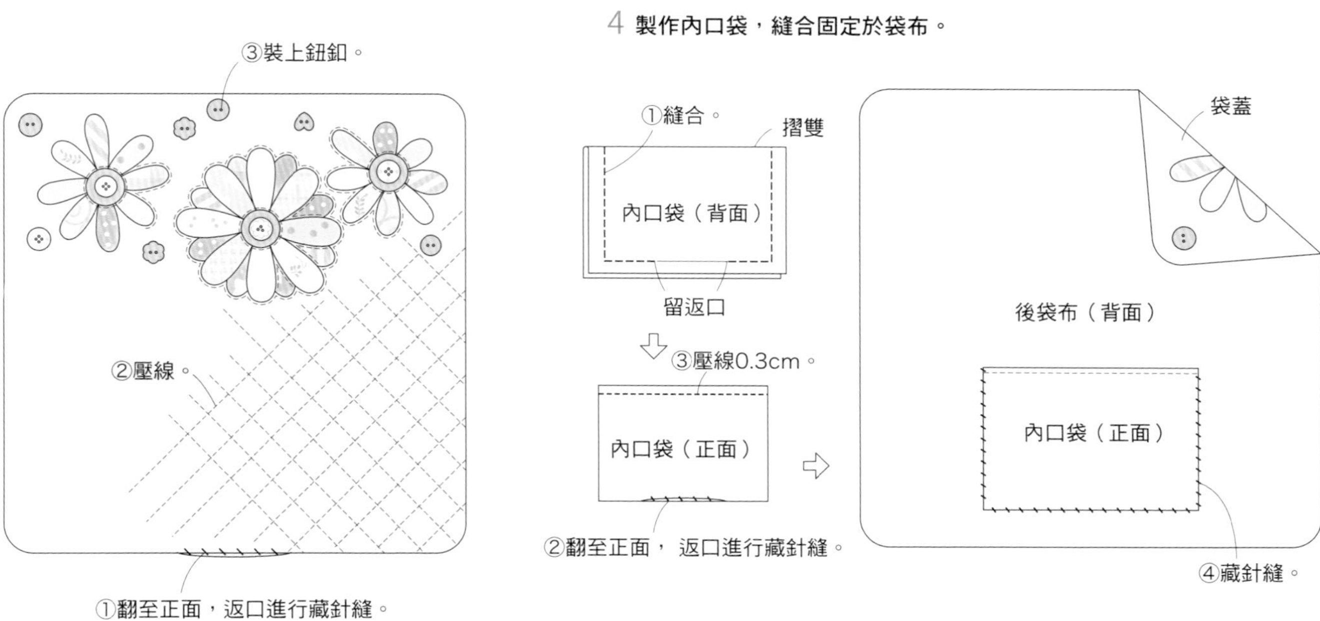
③裝上鈕釦。
②壓線。
①翻至正面，返口進行藏針縫。
①縫合。
摺雙
內口袋（背面）
留返口
③壓線0.3cm。
內口袋（正面）
②翻至正面， 返口進行藏針縫。
袋蓋
後袋布（背面）
內口袋（正面）
④藏針縫。

5 製作前袋布。重疊表布與裡布、鋪棉，縫合周圍，翻至正面壓線。

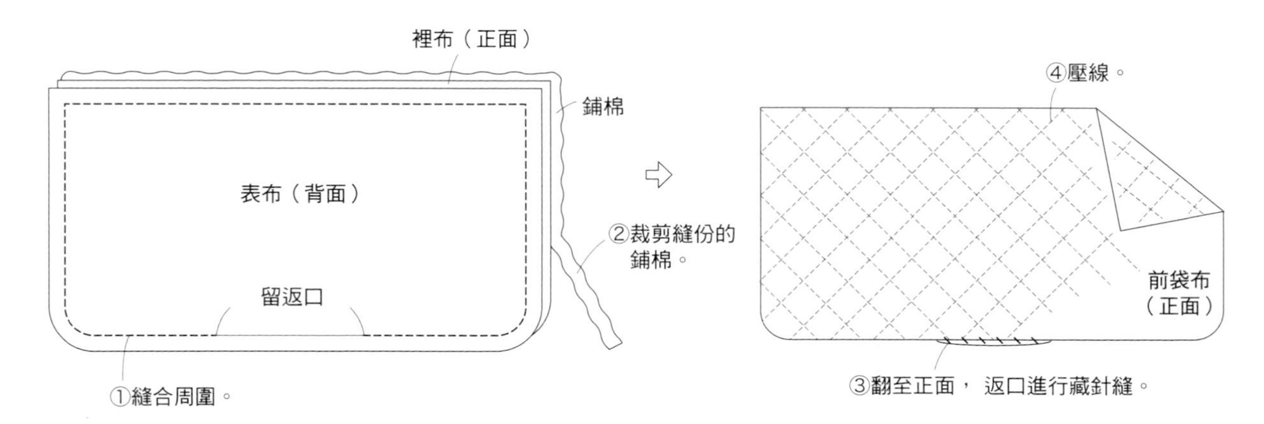
裡布（正面）
鋪棉
表布（背面）
②裁剪縫份的
鋪棉。
留返口
①縫合周圍。
④壓線。
前袋布
（正面）
③翻至正面， 返口進行藏針縫。

6 前袋布上縫合固定拉鍊。

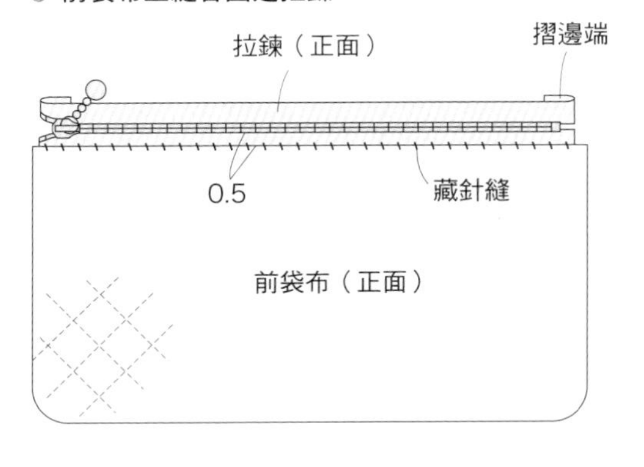
拉鍊（正面）
摺邊端
0.5
藏針縫
前袋布（正面）

7 縫合口袋布的周圍。

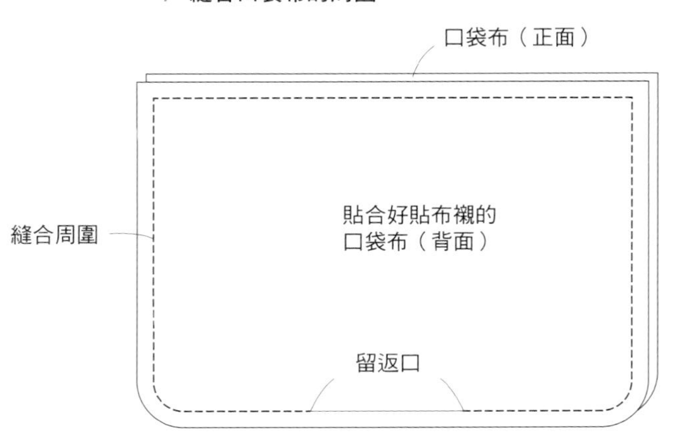
口袋布（正面）
縫合周圍
貼合好貼布襯的
口袋布（背面）
留返口

8 口袋布翻至正面，與前袋布縫合。

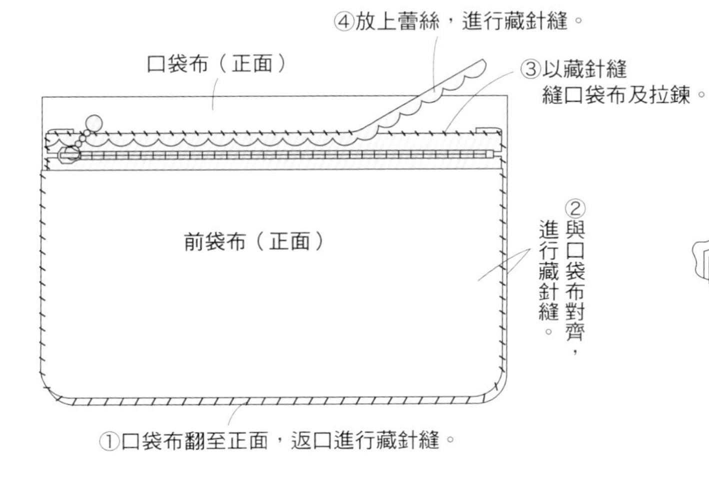
④放上蕾絲，進行藏針縫。
口袋布（正面）
③以藏針縫
縫口袋布及拉鍊。
前袋布（正面）
②與口袋布對齊，進行藏針縫。
①口袋布翻至正面，返口進行藏針縫。

9 縫合側身，翻至正面後，壓線。

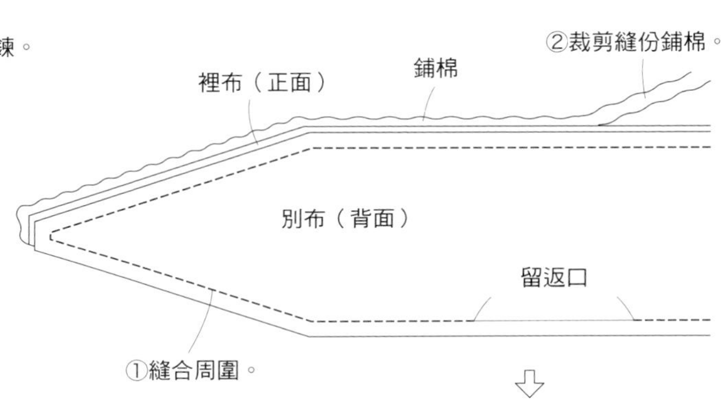
②裁剪縫份鋪棉。
鋪棉
裡布（正面）
別布（背面）
留返口
①縫合周圍。

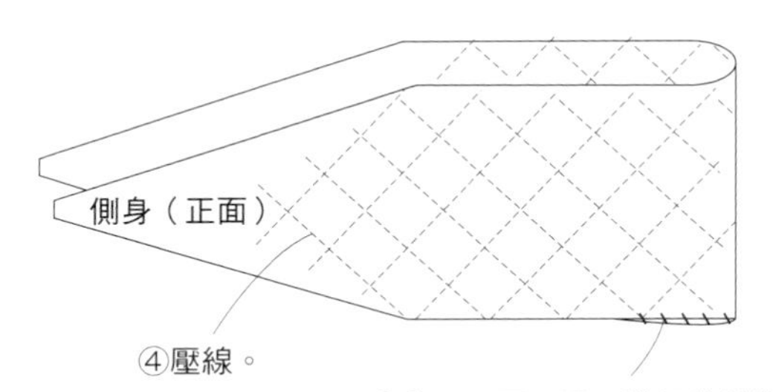
側身（正面）
④壓線。
③翻至正面，返口進行藏針縫。

10 縫合袋布與側身。

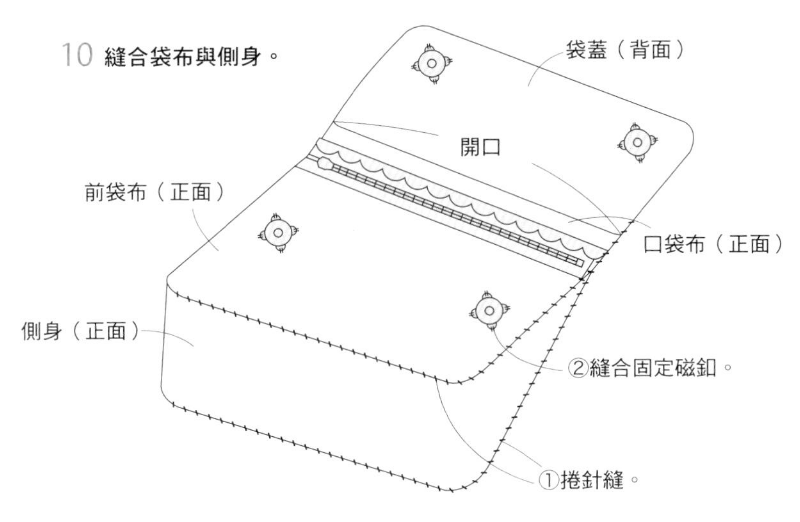
袋蓋（背面）
開口
前袋布（正面）
口袋布（正面）
側身（正面）
②縫合固定磁釦。
①捲針縫。

11 縫合釦絆，穿過D形環後，以藏針縫縫於袋布。

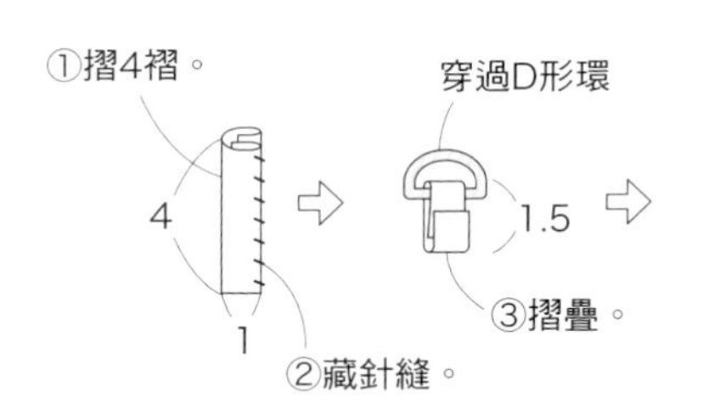
①摺4褶。
4
1
②藏針縫。

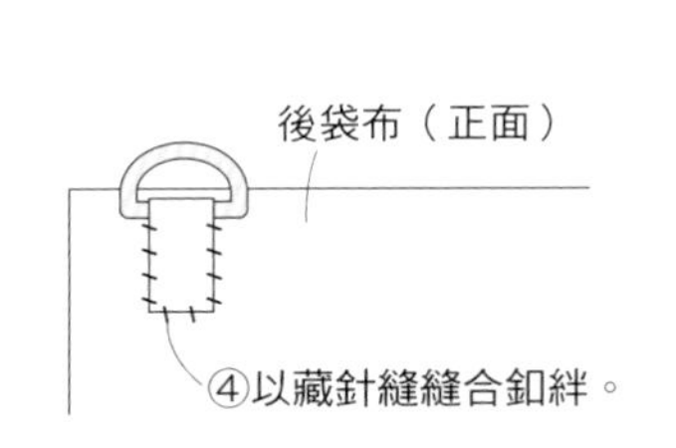
穿過D形環
1.5
③摺疊。
後袋布（正面）
④以藏針縫縫合釦絆。

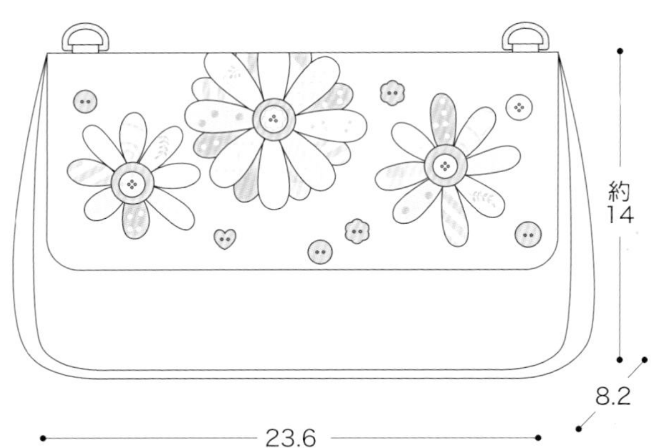
約14
8.2
23.6

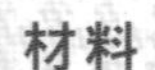

P.14 7 側背式錢包

材料

拼布用布（2種） 各寬20cm 20cm
表布（印花布）寬45cm 25cm
鋪棉 寬25cm 30cm
裡布（印花布） 寬110cm 30cm
Free Style拉鍊※（66cm）1條
拉鍊用鍊頭 1個
皮革背帶（粗0.8cm）125cm
鈕釦（直徑2.3cm）2個
※使用普通的拉鍊（33cm）的情況，
摺拉鍊邊，進行藏針縫。

原寸紙型 A面

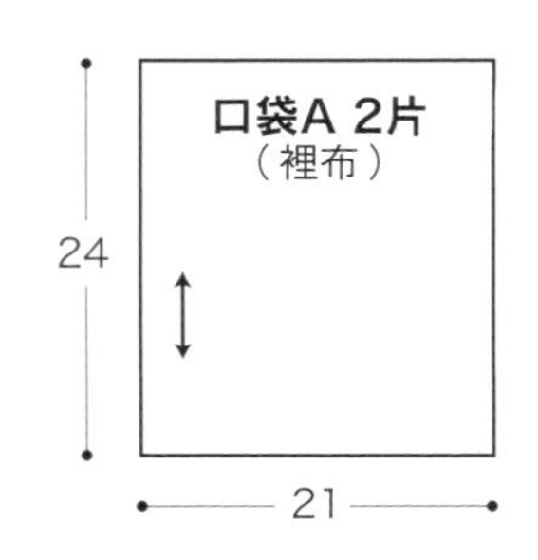

口袋A 2片
（裡布）
24
21

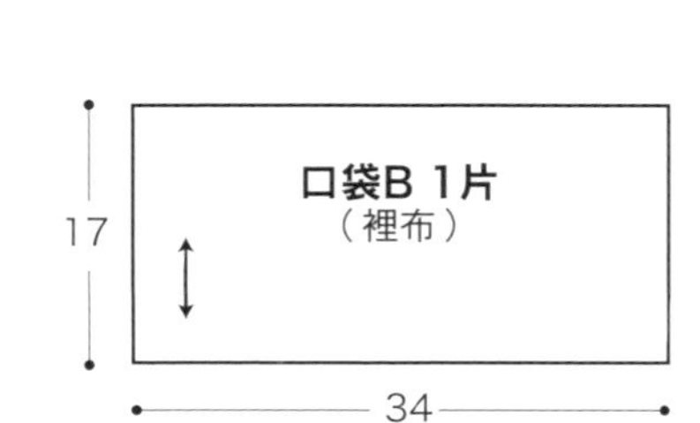

口袋B 1片
（裡布）
17
34

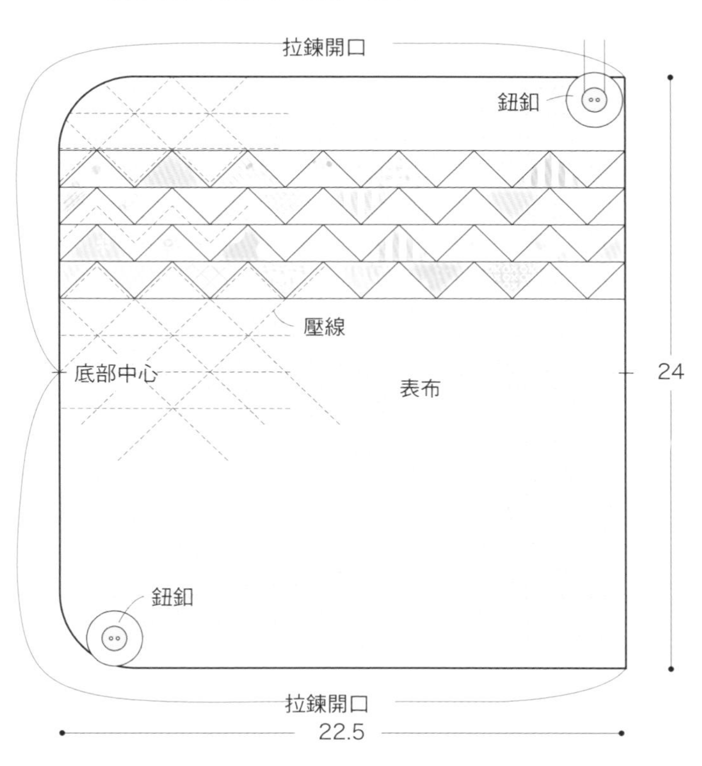

袋布1片（表層布・鋪棉・裡布）
拉鍊開口
鈕釦
壓線
底部中心
表布
24
鈕釦
拉鍊開口
22.5

1 拼接後，製作表層布。

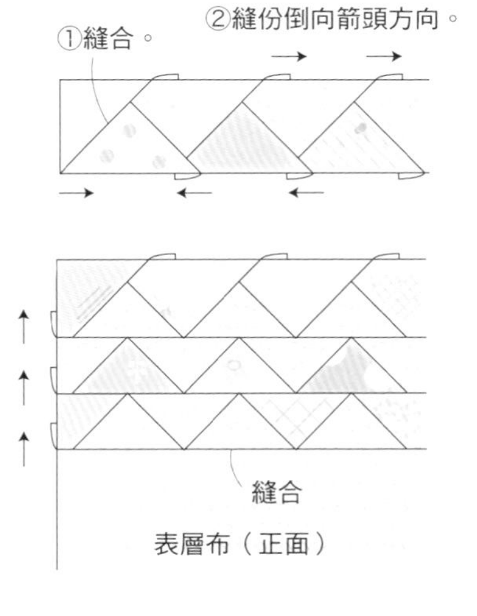

①縫合。
②縫份倒向箭頭方向。
縫合
表層布（正面）

2 重疊表層布與裡布、鋪棉，縫合周圍。

3 翻至正面，壓線。

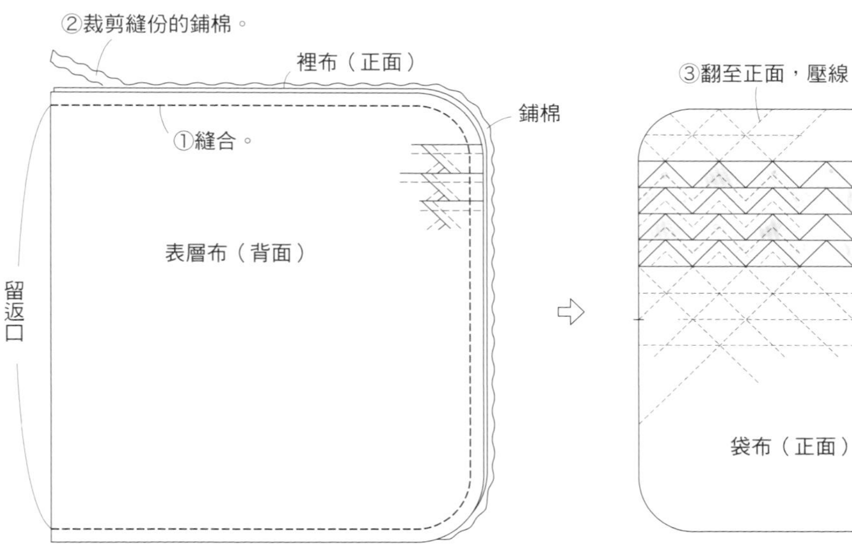

②裁剪縫份的鋪棉。
裡布（正面）
鋪棉
①縫合。
表層布（背面）
留返口
③翻至正面，壓線。
袋布（正面）

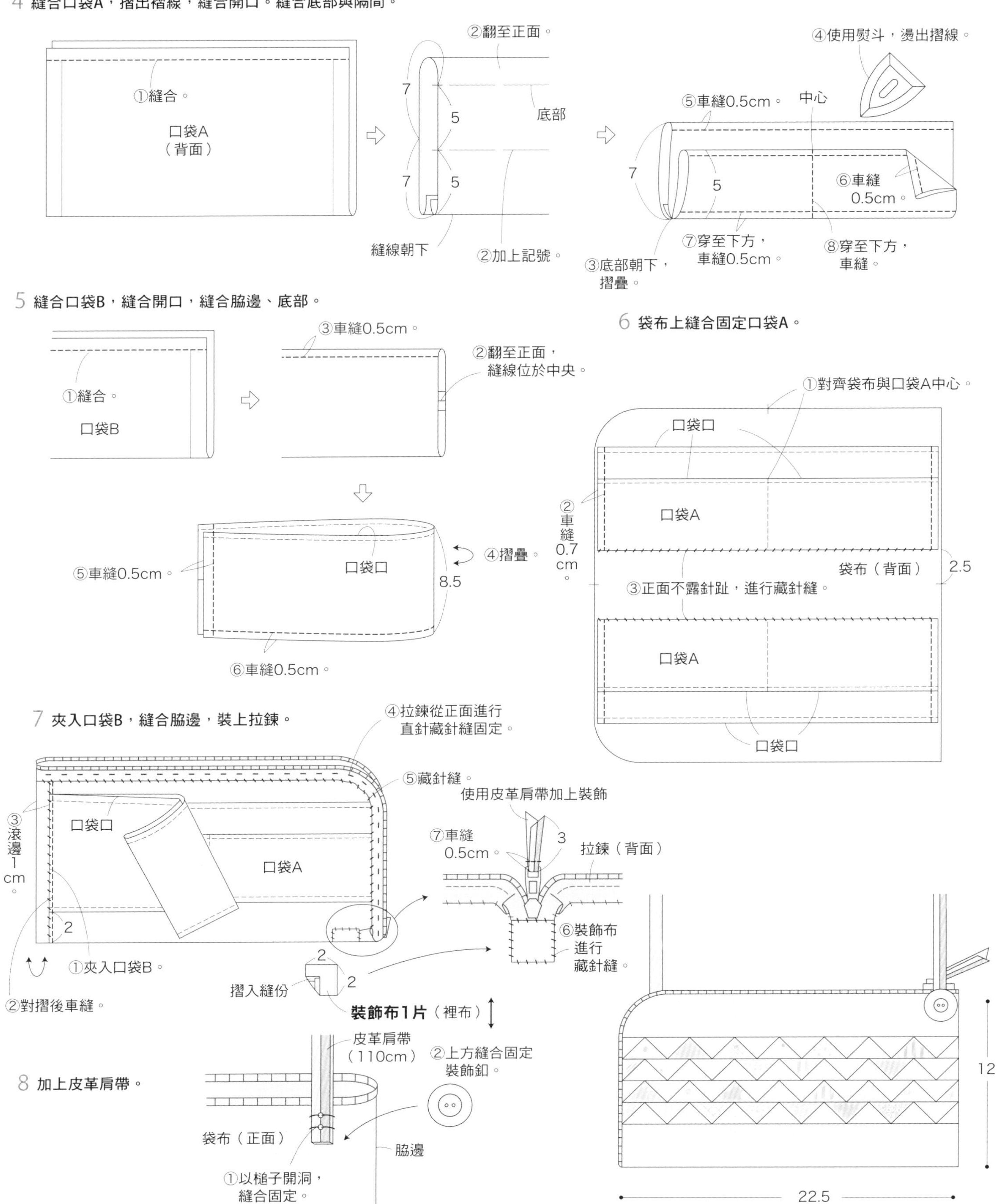
4 縫合口袋A，摺出褶線，縫合開口。縫合底部與隔間。
①縫合。
口袋A
（背面）
②翻至正面。
7
5
7
5
底部
縫線朝下
②加上記號。
④使用熨斗，燙出摺線。
⑤車縫0.5cm。
中心
7
5
⑥車縫
0.5cm。
③底部朝下，
摺疊。
⑦穿至下方，
車縫0.5cm。
⑧穿至下方，
車縫。
5 縫合口袋B，縫合開口，縫合脇邊、底部。
①縫合。
口袋B
③車縫0.5cm。
②翻至正面，
縫線位於中央。
⑤車縫0.5cm。
口袋口
8.5
④摺疊。
⑥車縫0.5cm。
6 袋布上縫合固定口袋A。
①對齊袋布與口袋A中心。
口袋口
②車縫0.7cm。
口袋A
袋布（背面）
2.5
③正面不露針趾，進行藏針縫。
口袋A
口袋口
7 夾入口袋B，縫合脇邊，裝上拉鍊。
④拉鍊從正面進行
直針藏針縫固定。
⑤藏針縫。
③滾邊1cm。
口袋口
口袋A
2
①夾入口袋B。
②對摺後車縫。
使用皮革肩帶加上裝飾
⑦車縫
0.5cm。
3
拉鍊（背面）
⑥裝飾布
進行
藏針縫。
2
2
摺入縫份
裝飾布1片（裡布）
8 加上皮革肩帶。
皮革肩帶
（110cm）
②上方縫合固定
裝飾釦。
袋布（正面）
脇邊
①以槌子開洞，
縫合固定。
12
22.5

P.10 6 筆記本書衣

材料

拼布用布（9種）各寬10cm 10cm
（原色）寬15cm 15cm
表布（水藍色）寬55cm 30cm
鋪棉　寬20cm 25cm
裡布（印花布）寬40cm 25cm
拉鍊（25cm）1條
拉鍊裝飾 1個

※滾邊使用寬3.5cm 長80cm的斜紋布
適當地接合。

原寸紙型
A 面

袋布1片
（表層布・鋪棉・
裡布）

拉鍊開口
0.8
表布
前片
落針壓線
表布
22
底部中心
壓線
後片
拉鍊開口
滾邊
16

1 拼接後，製作表層布，壓線。

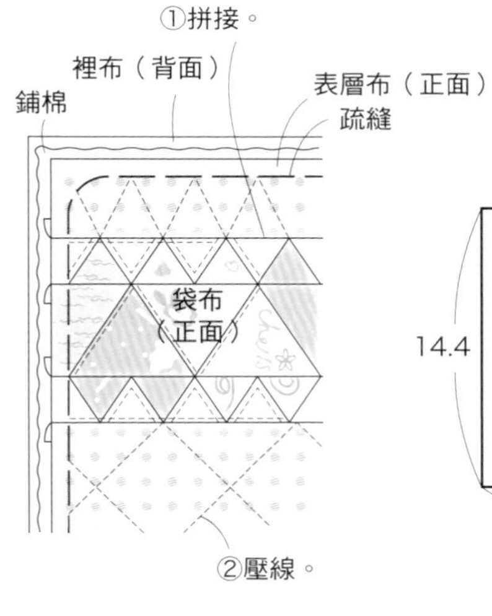

①拼接。
裡布（背面）
鋪棉
表層布（正面）
疏縫
袋布
（正面）
②壓線。

2 製作內口袋，接於裡布。

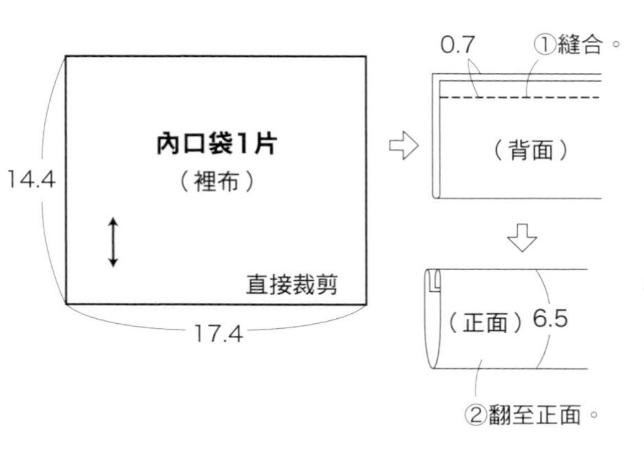

內口袋1片
（裡布）
14.4
直接裁剪
17.4
0.7
①縫合。
（背面）
（正面）6.5
②翻至正面。

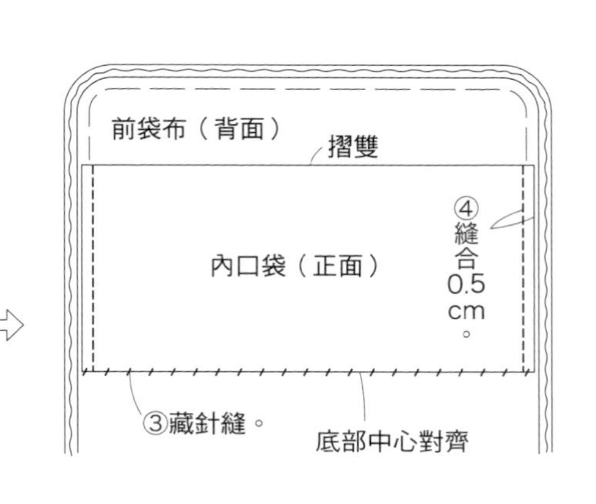

前袋布（背面）
摺雙
④縫合0.5cm。
內口袋（正面）
③藏針縫。
底部中心對齊

3 滾邊，裝上拉鍊
縫合袋布的脇邊。

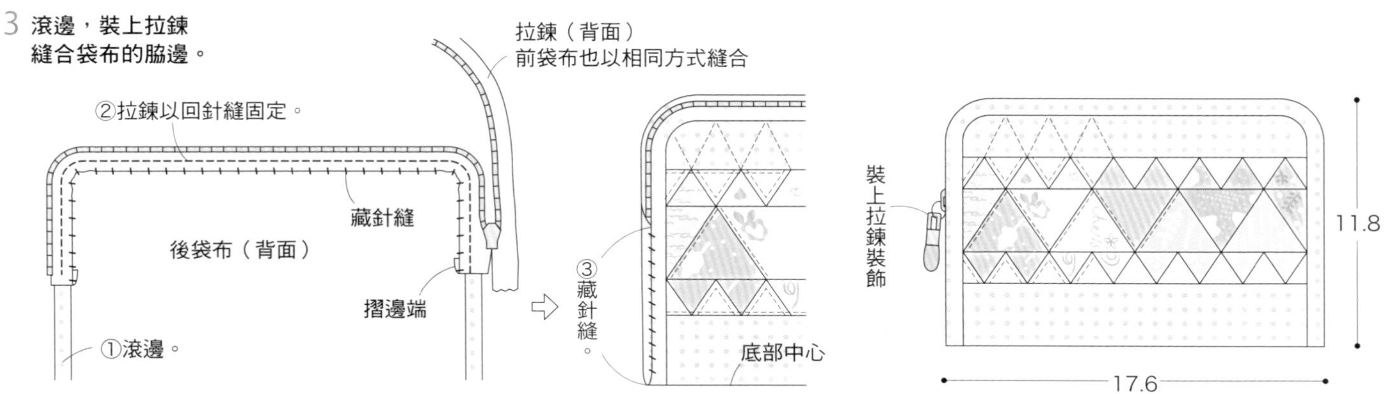

拉鍊（背面）
前袋布也以相同方式縫合
②拉鍊以回針縫固定。
藏針縫
後袋布（背面）
摺邊端
①滾邊。
③藏針縫。
底部中心
裝上拉鍊裝飾
11.8
17.6

P.19 10 櫻桃波奇包

材料

拼布用布（印花布）合計寬15cm 5cm
表布（粉紅）寬15cm 25cm
別布（棕色）寬15cm 3cm
櫻桃的葉子（綠色）寬10cm 10cm
櫻桃的果實（紅色）寬10cm 5cm
裝飾布　寬5cm 5cm
鋪棉　寬15cm 25cm
裡布（印花布）寬15cm 25cm
拉鍊（18cm）1條
蠟線（粗0.1cm）10cm

原寸紙型
A面

袋布1片（表層布・鋪棉・裡布）

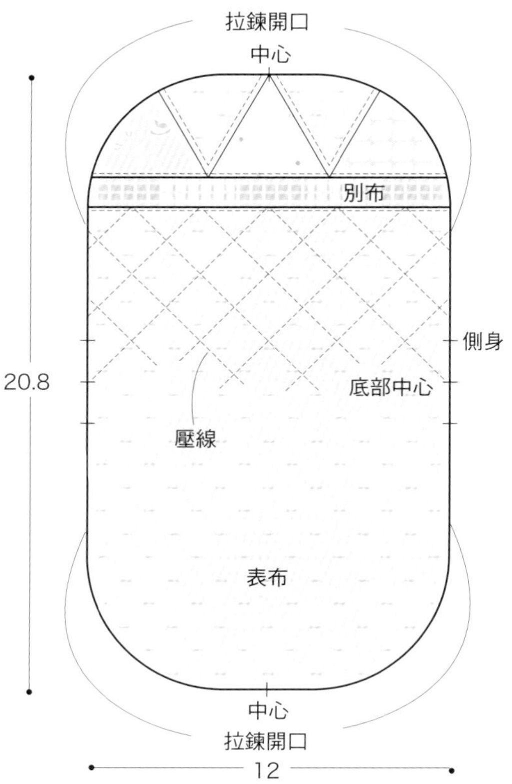

拉鍊開口
中心
別布
側身
20.8
底部中心
壓線
表布
中心
拉鍊開口
12

1 **拼接後，製作表層布。**

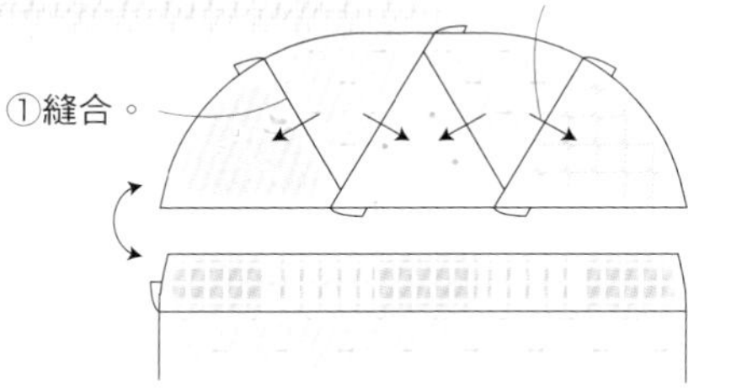

①縫合。
②縫份倒向箭頭方向。

2 **重疊表層布與裡布、鋪棉，縫合周圍。**

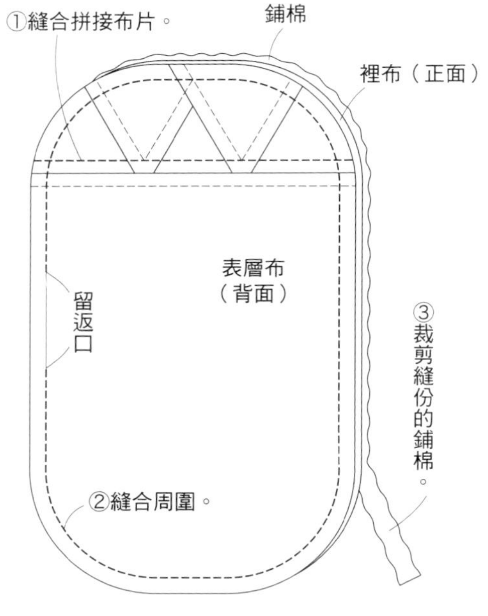

①縫合拼接布片。
鋪棉
裡布（正面）
留返口
表層布
（背面）
③裁剪縫份的鋪棉。
②縫合周圍。

3 **翻至正面，壓線。**

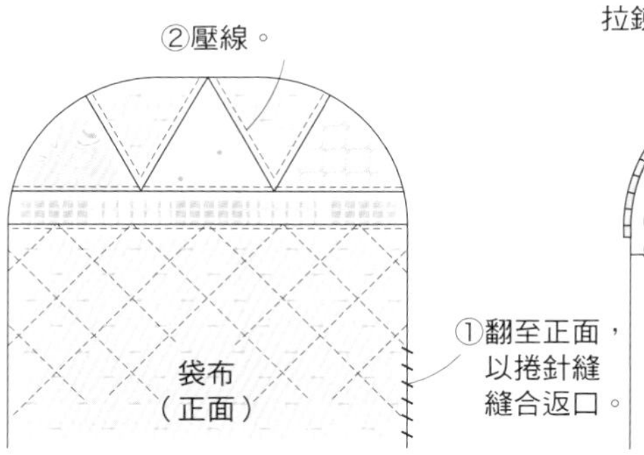

②壓線。
袋布
（正面）
①翻至正面，
以捲針縫
縫合返口。

4 **拉鍊縫於袋布上。**

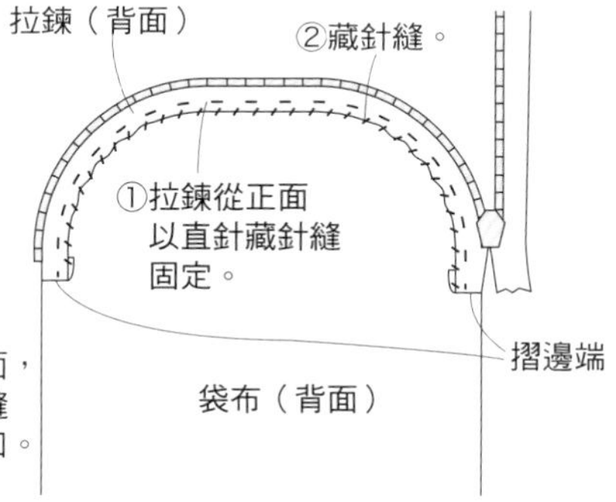

拉鍊（背面）
②藏針縫。
①拉鍊從正面
以直針藏針縫
固定。
摺邊端
袋布（背面）

5 **縫合脇邊，縫合側身。**

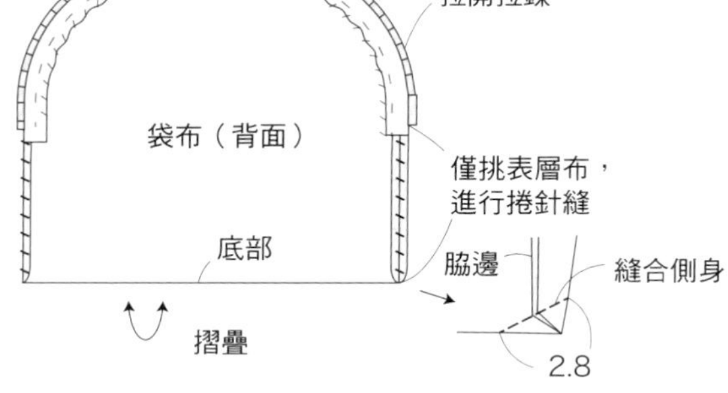

拉開拉鍊
袋布（背面）
僅挑表層布，
進行捲針縫
底部
脇邊
縫合側身
摺疊
2.8

6 **製作櫻桃，縫於袋布。**

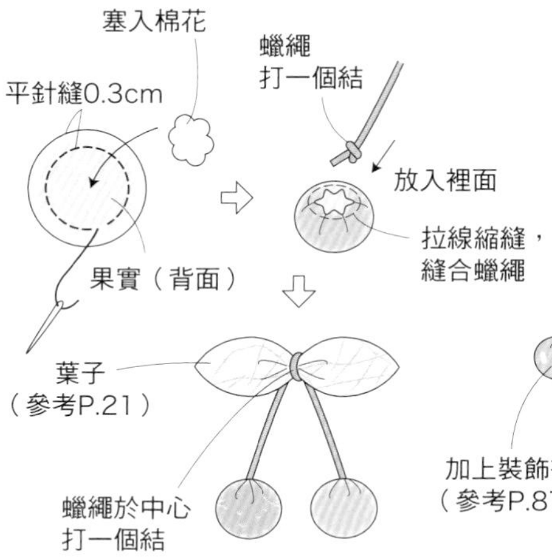

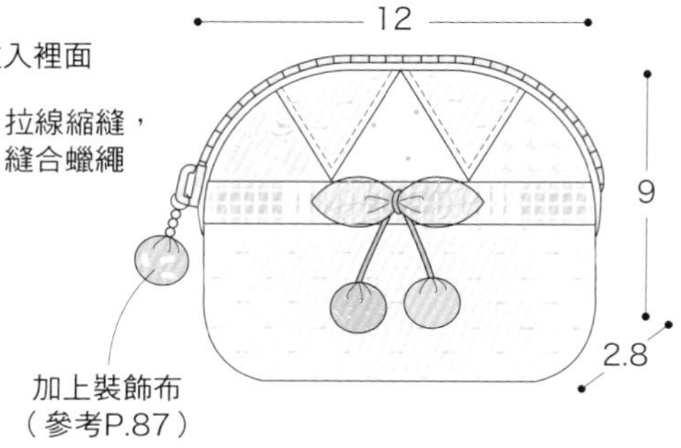

塞入棉花
蠟繩
打一個結
平針縫0.3cm
放入裡面
拉線縮縫，
縫合蠟繩
果實（背面）
葉子
（參考P.21）
蠟繩於中心
打一個結
12
9
2.8
加上裝飾布
（參考P.87）

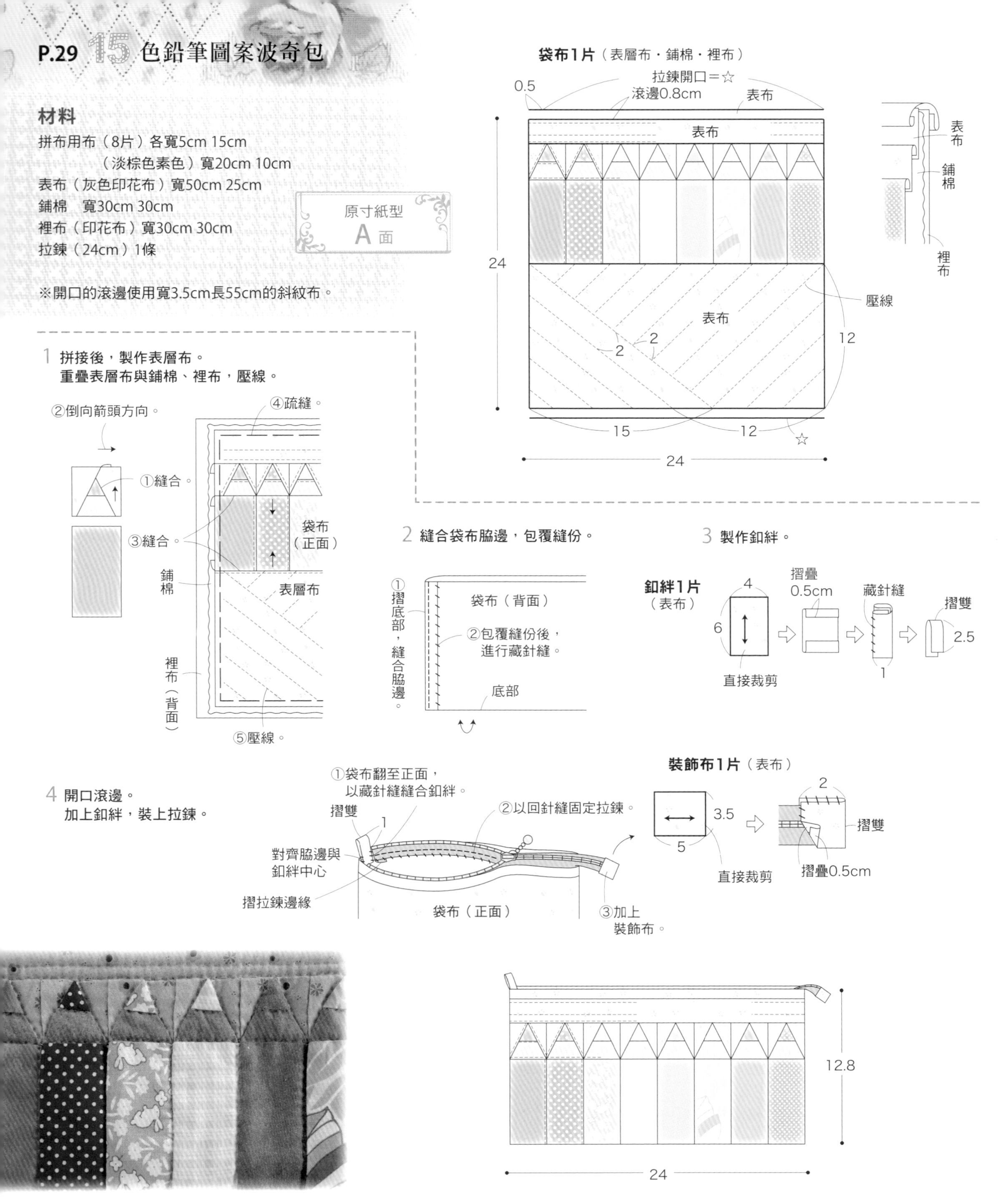

P.29 15 色鉛筆圖案波奇包

材料

拼布用布（8片）各寬5cm 15cm

（淡棕色素色）寬20cm 10cm

表布（灰色印花布）寬50cm 25cm

鋪棉　寬30cm 30cm

裡布（印花布）寬30cm 30cm

拉鍊（24cm）1條

原寸紙型 A面

※開口的滾邊使用寬3.5cm長55cm的斜紋布。

1 拼接後，製作表層布。
重疊表層布與鋪棉、裡布，壓線。

②倒向箭頭方向。
①縫合。
③縫合。
④疏縫。
袋布（正面）
鋪棉
表層布
裡布（背面）
⑤壓線。

袋布1片（表層布・鋪棉・裡布）

拉鍊開口＝☆
0.5
滾邊0.8cm
表布
表布
表布
鋪棉
裡布
壓線
表布
24
2
2
12
15
12
☆
24

2 縫合袋布脇邊，包覆縫份。

①摺底部，縫合脇邊。
袋布（背面）
②包覆縫份後，進行藏針縫。
底部

3 製作釦絆。

釦絆1片（表布）
4
6
直接裁剪
摺疊0.5cm
藏針縫
1
摺雙
2.5

4 開口滾邊。
加上釦絆，裝上拉鍊。

①袋布翻至正面，以藏針縫縫合釦絆。
摺雙
1
②以回針縫固定拉鍊。
對齊脇邊與釦絆中心
摺拉鍊邊緣
袋布（正面）
③加上裝飾布。

裝飾布1片（表布）

3.5
5
直接裁剪
2
摺雙
摺疊0.5cm
12.8
24

P.36 2021 迷你波奇包

原寸紙型
B 面

材料

拼接・裝飾布 適量
表布（20. 米色／21. 灰色）
寬15cm 10cm
別布（20. 棕色／21. 綠色）
寬10cm 5cm
鋪棉　寬15cm 15cm
裡布（印花布）寬15cm 15cm
滾邊布 寬3cm長18cm的斜紋布 2條
拉鍊（10cm）1條
拉把裝飾布　寬6cm 10cm（只有20.）
繩子（粗0.1cm）8cm（只有20.）
25號繡線（只有棕色／21.）

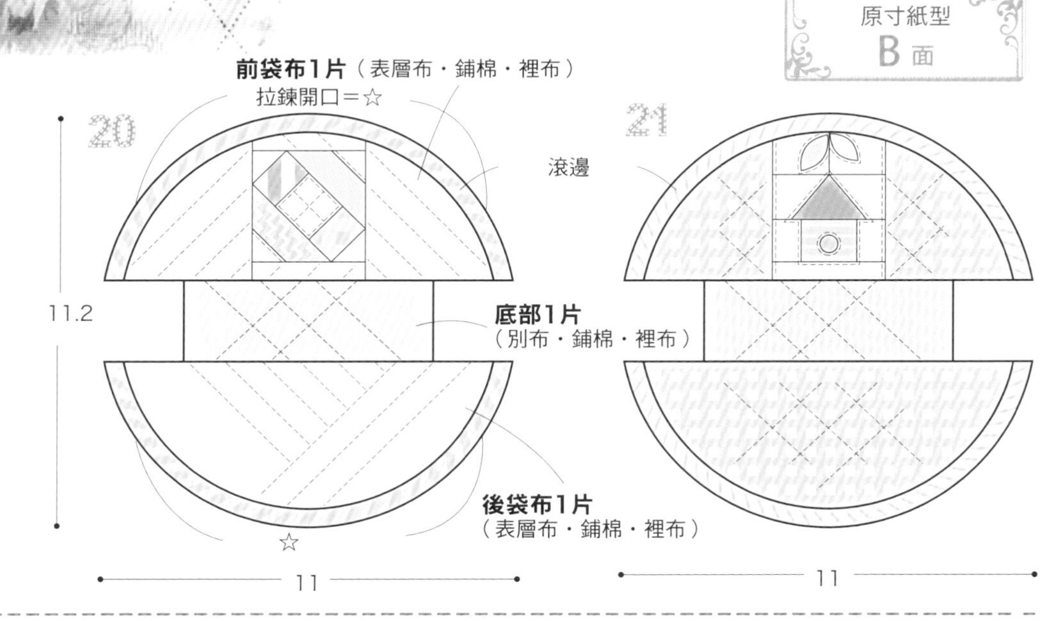

20
21
前袋布1片（表層布・鋪棉・裡布）
拉鍊開口＝☆
滾邊
11.2
底部1片
（別布・鋪棉・裡布）
後袋布1片
（表層布・鋪棉・裡布）
☆
11
11

1 拼接後，製作表層布。重疊表層布與裡布、鋪棉，縫合底部。
翻至正面，壓線周圍滾邊。

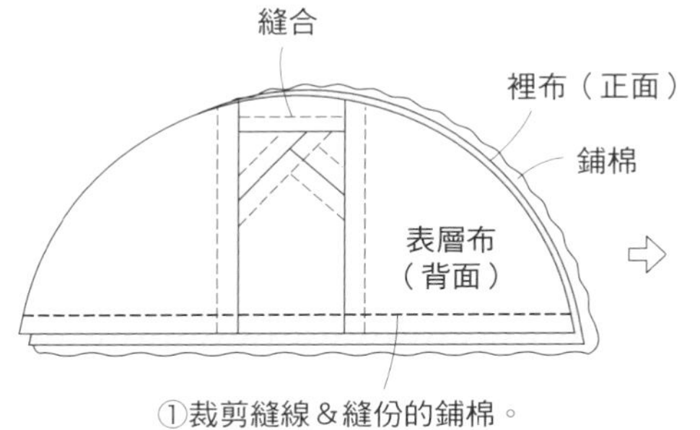

縫合
裡布（正面）
鋪棉
表層布
（背面）
①裁剪縫線＆縫份的鋪棉。

③滾邊。
袋布（正面）
②翻至正面，壓線。
藏針縫

2 底部相同方式縫合，壓線。

①裁剪縫線＆
縫份的鋪棉。
（背面）
留返口
（正面）
鋪棉
壓線
②翻至正面，返口進行藏針縫。

3 袋布與底部以細針趾縫合。裝上拉鍊。

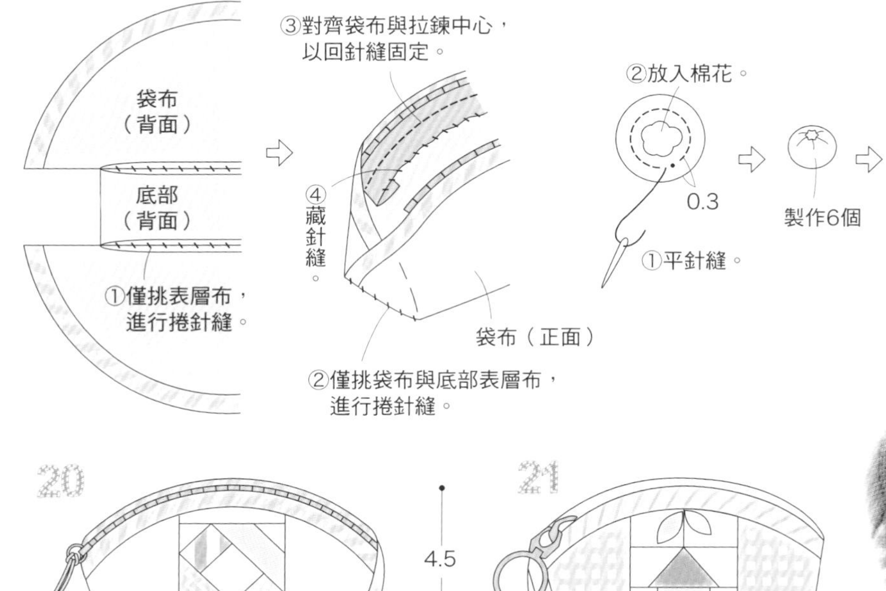

袋布
（背面）
底部
（背面）
①僅挑表層布，
進行捲針縫。
③對齊袋布與拉鍊中心，
以回針縫固定。
④藏針縫。
袋布（正面）
②僅挑袋布與底部表層布，
進行捲針縫。
20
21
4.5
2.2
6.6

4 製作拉鍊裝飾，縫合固定（只有20.）。

②放入棉花。
0.3
①平針縫。
製作6個
⑤上下各縫合1個。
③穿過8的
繩子。
④縫合4個，
縮縫。
拉鍊的
圓形環
約3cm
⑥縮縫，以藏針縫縫合
各圓球。

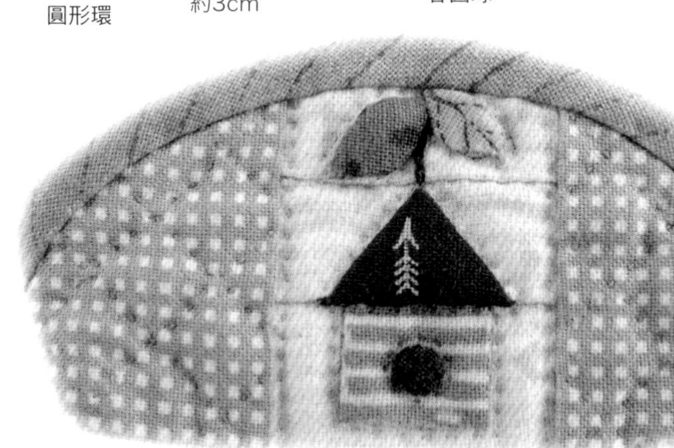

P.54 34 保特瓶袋

材料

拼布用布適量
表布（粉紅色）寬50cm 30cm
鋪棉　寬40cm 15cm
裡布（印花布）寬45cm 25cm
滾邊布 寬3.5cm 長30cm 的斜紋布
蠟線（粗0.2cm）70cm
5號繡線（原色）

※刺繡參考P.87。

原寸紙型
B 面

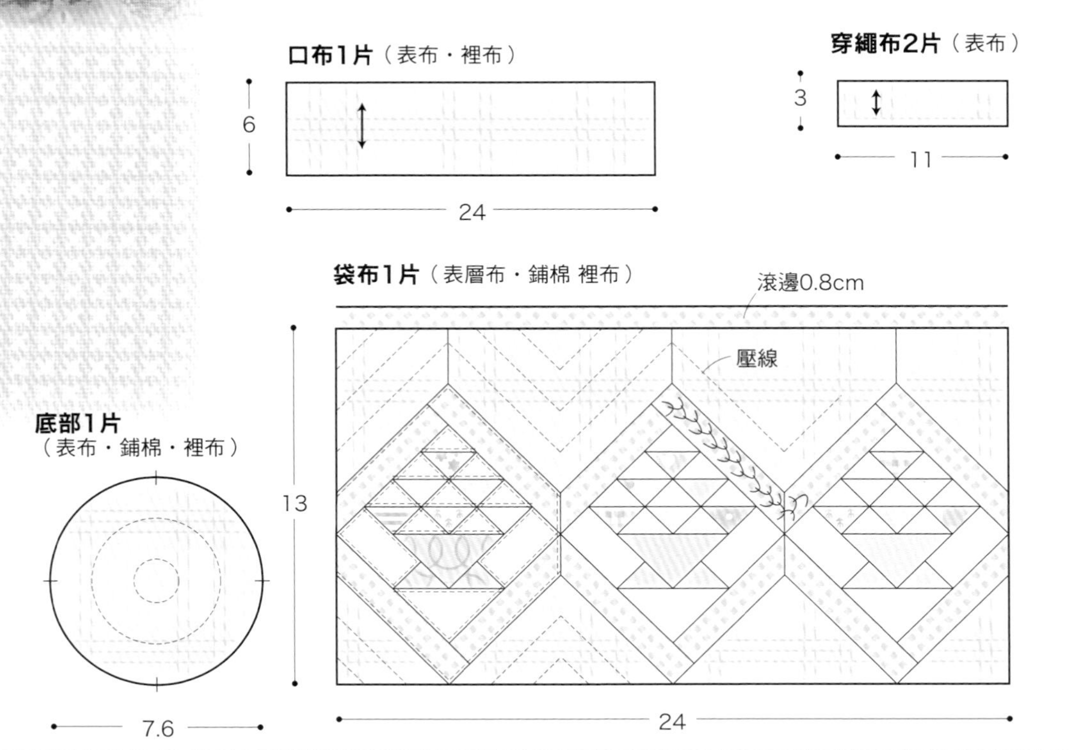

口布1片（表布・裡布）
6
24
穿繩布2片（表布）
3
11
袋布1片（表層布・鋪棉 裡布）
滾邊0.8cm
壓線
13
24
底部1片
（表布・鋪棉・裡布）
7.6

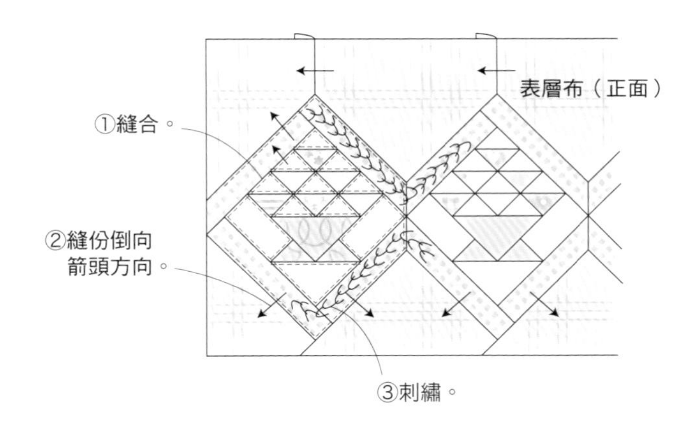

1 拼接，製作表層布。
表層布（正面）
①縫合。
②縫份倒向
箭頭方向。
③刺繡。

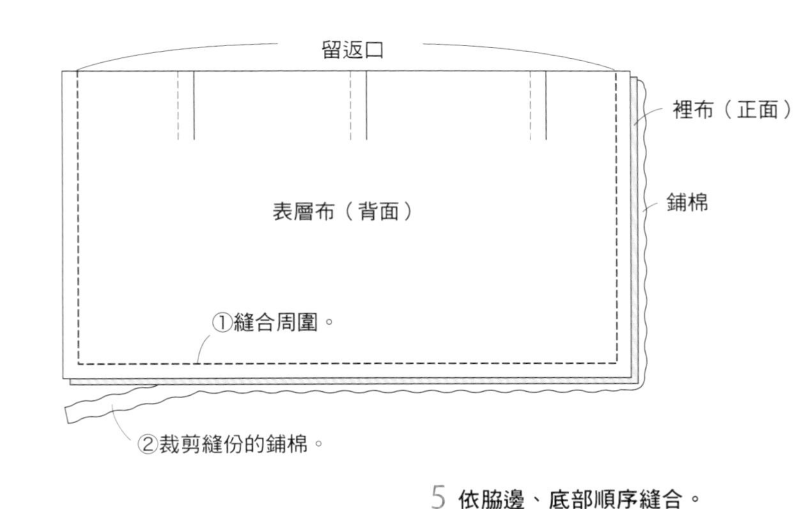

2 重疊表層布與裡布、鋪棉，縫合周圍。
留返口
裡布（正面）
鋪棉
表層布（背面）
①縫合周圍。
②裁剪縫份的鋪棉。

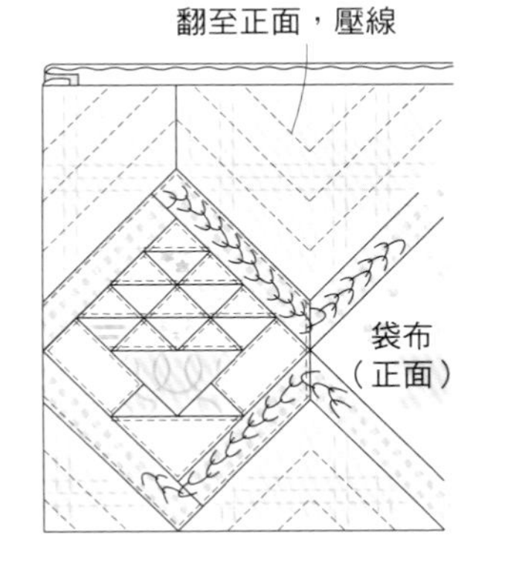

3 翻至正面，壓線。
翻至正面，壓線
袋布
（正面）

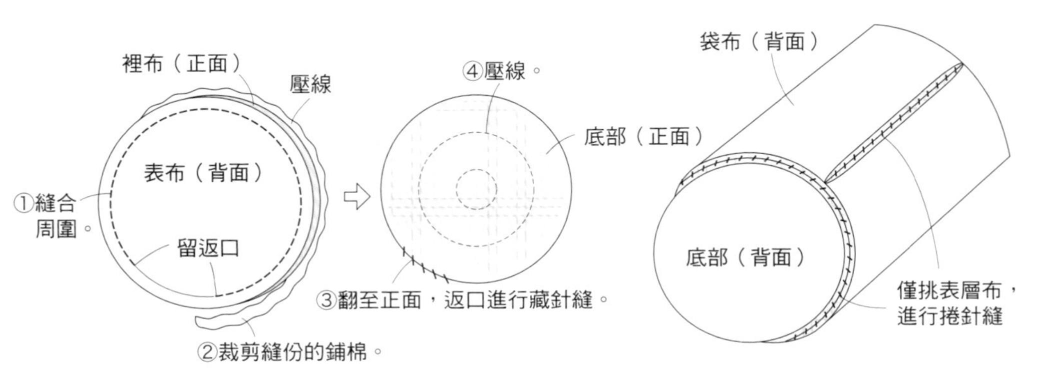

4 底部以相同方式縫合，壓線。
裡布（正面）
壓線
表布（背面）
①縫合
周圍。
留返口
②裁剪縫份的鋪棉。
④壓線。
底部（正面）
③翻至正面，返口進行藏針縫。
5 依脇邊、底部順序縫合。
袋布（背面）
底部（背面）
僅挑表層布，
進行捲針縫

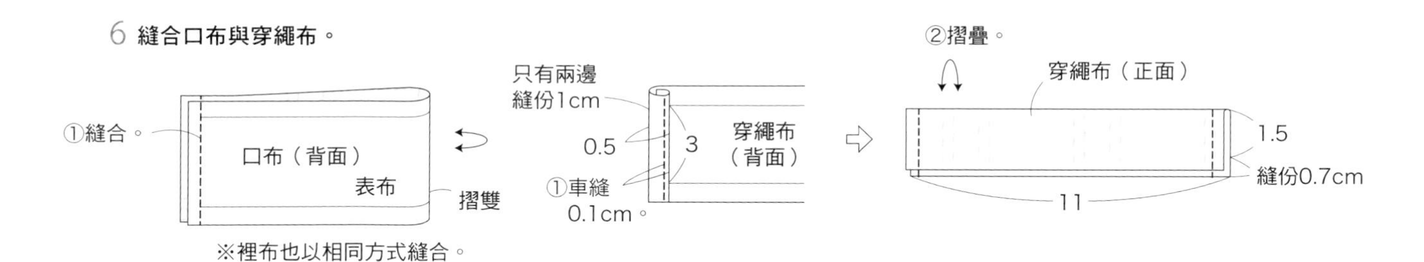
6 縫合口布與穿繩布。
①縫合。
口布（背面）
表布
摺雙
只有兩邊
縫份1cm
0.5
3
①車縫
0.1cm。
穿繩布
（背面）
②摺疊。
穿繩布（正面）
1.5
縫份0.7cm
11
※裡布也以相同方式縫合。

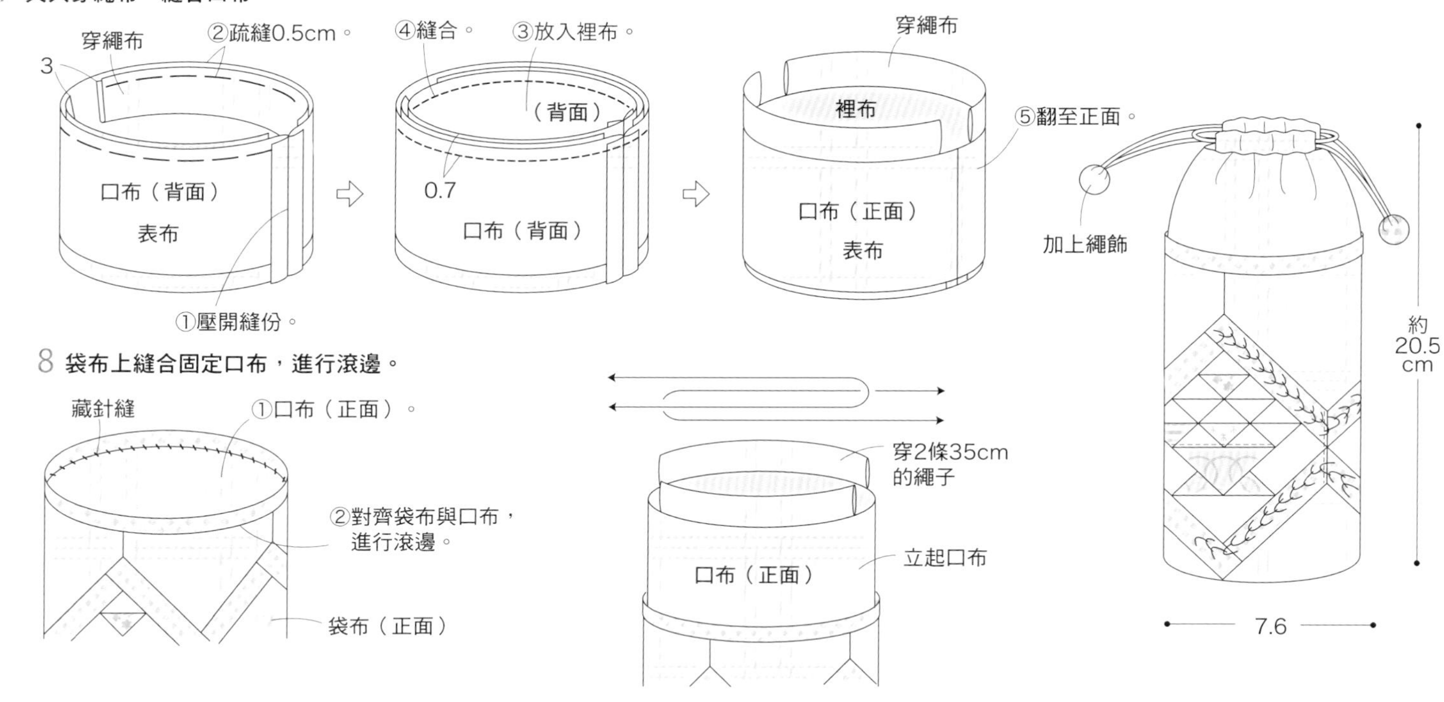
7 夾入穿繩布，縫合口布。
穿繩布
3
②疏縫0.5cm。
口布（背面）
表布
①壓開縫份。
④縫合。
③放入裡布。
（背面）
0.7
口布（背面）
穿繩布
裡布
⑤翻至正面。
口布（正面）
表布
加上繩飾
約
20.5
cm
7.6

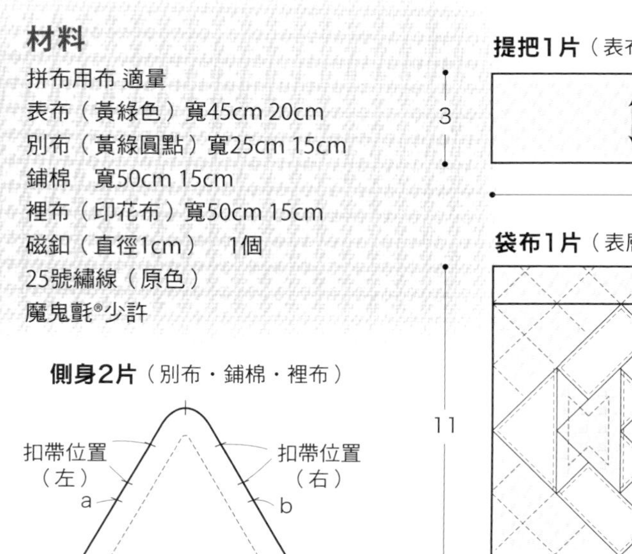
8 袋布上縫合固定口布，進行滾邊。
藏針縫
①口布（正面）。
②對齊袋布與口布，
進行滾邊。
袋布（正面）
穿2條35cm
的繩子
口布（正面）
立起口布

P.54 35 飯糰袋

原寸紙型 B面

材料

拼布用布 適量
表布（黃綠色）寬45cm 20cm
別布（黃綠圓點）寬25cm 15cm
鋪棉　寬50cm 15cm
裡布（印花布）寬50cm 15cm
磁釦（直徑1cm）　1個
25號繡線（原色）
魔鬼氈®少許

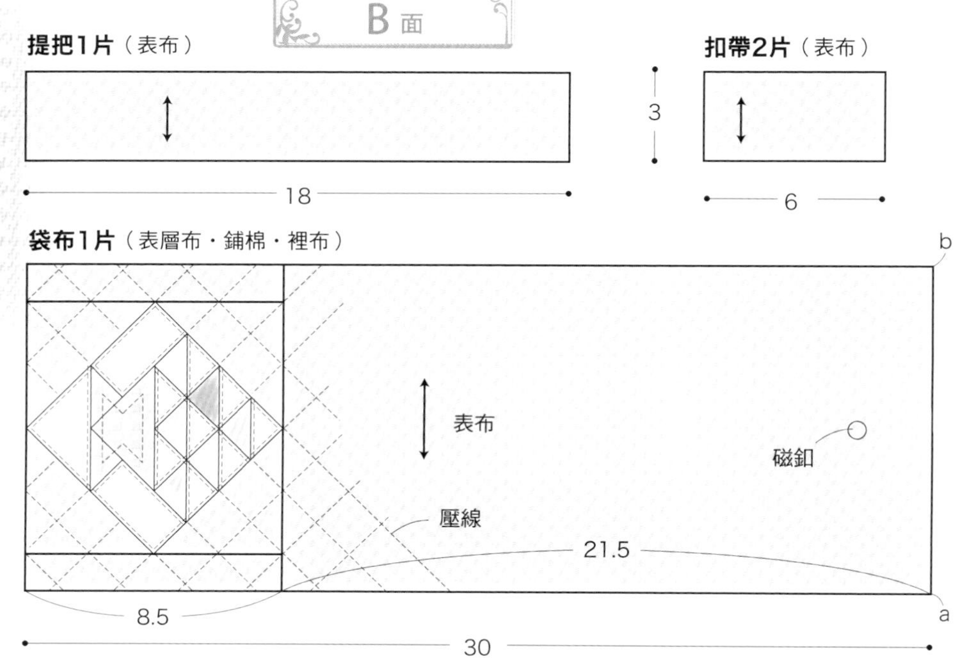
提把1片（表布）
3
18
扣帶2片（表布）
3
6
袋布1片（表層布・鋪棉・裡布）
b
11
表布
磁釦
壓線
21.5
8.5
a
30
側身2片（別布・鋪棉・裡布）
扣帶位置
（左）
扣帶位置
（右）
a
b
約8cm

1 拼接後，製作表層布。

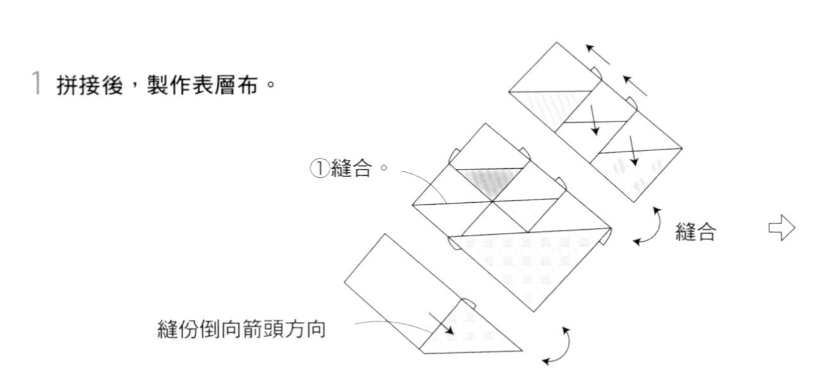
①縫合。
縫合
縫份倒向箭頭方向

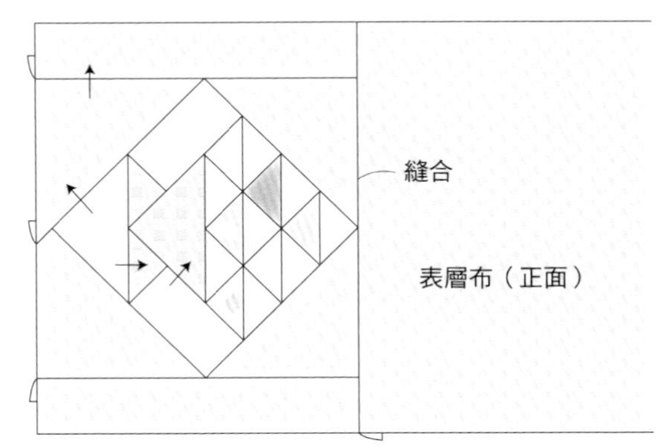
縫合
表層布（正面）

2 重疊表層布與裡布、鋪棉，縫合周圍。

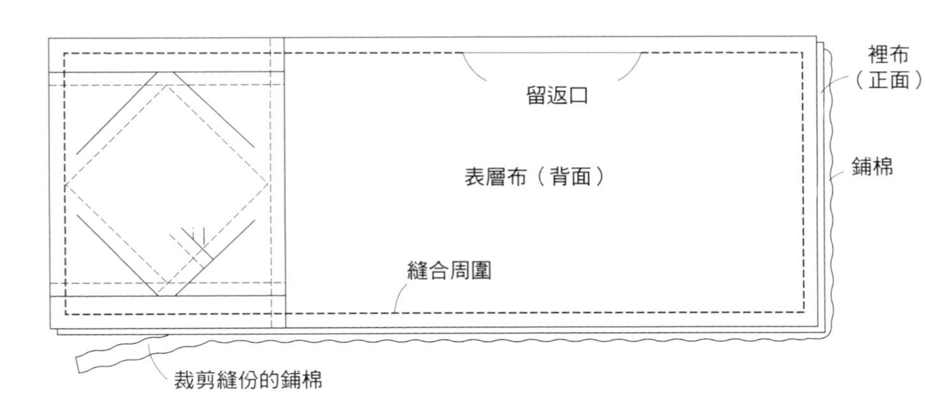
裡布
（正面）
留返口
表層布（背面）
鋪棉
縫合周圍
裁剪縫份的鋪棉

3 翻至正面，壓線。

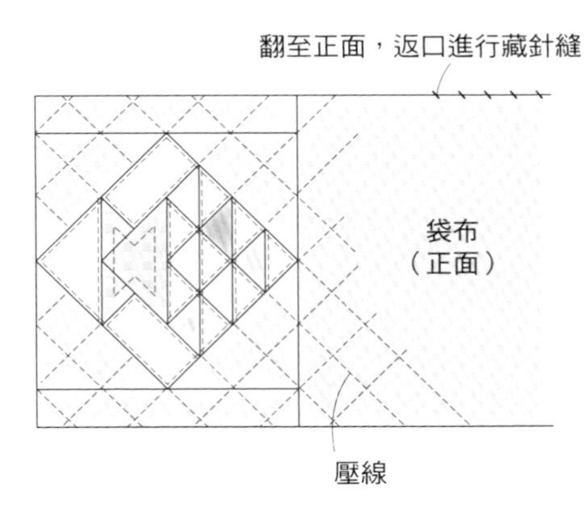
翻至正面，返口進行藏針縫
袋布
（正面）
壓線

4 製作扣帶，夾住側身縫合。左右對稱方式製作。

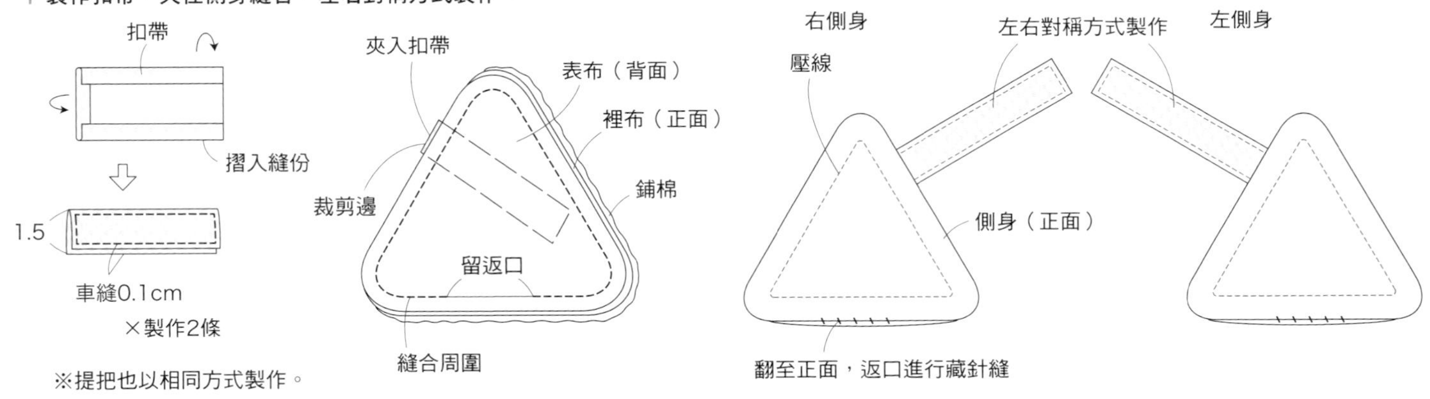
扣帶
摺入縫份
1.5
車縫0.1cm
×製作2條
※提把也以相同方式製作。
夾入扣帶
表布（背面）
裡布（正面）
鋪棉
裁剪邊
留返口
縫合周圍
右側身
壓線
左右對稱方式製作
左側身
側身（正面）
翻至正面，返口進行藏針縫

5 袋布與側身以細針趾進行捲針縫。

止縫處
僅挑表布，
進行捲針縫
a
b
袋布（背面）
側身（背面）

6 裝上提把。

翻至正面
b
提把以
十字繡固定
（參考P.87）
磁釦
a
袋布（正面）
魔鬼氈
約8cm
11

31 蜂巢圖案裁縫包

本體1片（表層布・鋪棉・裡布）

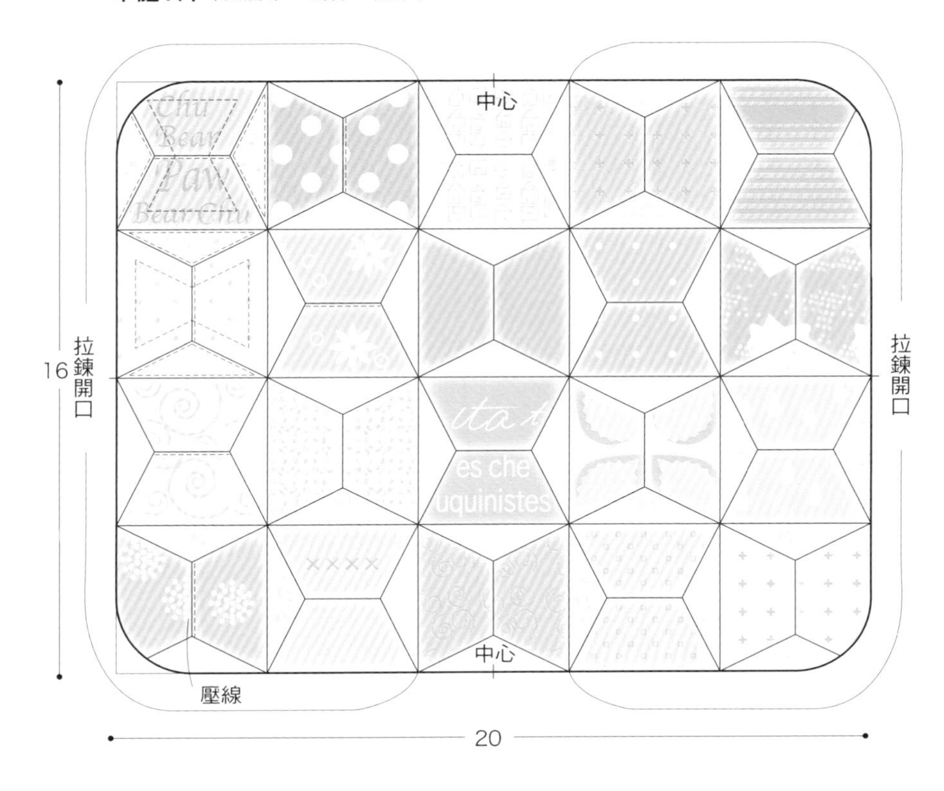
中心
拉鍊開口
16
拉鍊開口
壓線
中心
20

材料

拼布用布（深藍20種）各寬8cm 8cm
拼布用布（白色）寬40cm 20cm
別布a（灰色印花布）寬25cm 25cm
別布b（粉紅色印花布）寬8cm 5cm
別布c（水藍色印花布）寬10cm 15cm
別布d（黃色印花布）寬5cm 15cm
鋪棉　寬25cm 20cm
裡布（印花布）寬25cm 20cm
拉鍊（35cm）1條
繩子（寬0.5cm／固定線軸用）18cm
織帶（寬1.5cm／量尺造型）15cm
織帶（寬0.5cm／黑色）45cm
四合釦（直徑0.7cm）2組
羊毛氈布（厚2mm）寬3.5cm長6cm 2片
徽章 4片
底座附圓孔鈕釦 1個
迷你線軸 1個
手工藝用棉花少許
25號繡線
（粉紅色・黃色・黃綠色・水藍色・灰色）

※刺繡參考P.87。

原寸紙型
B面

裡布側各物件位置

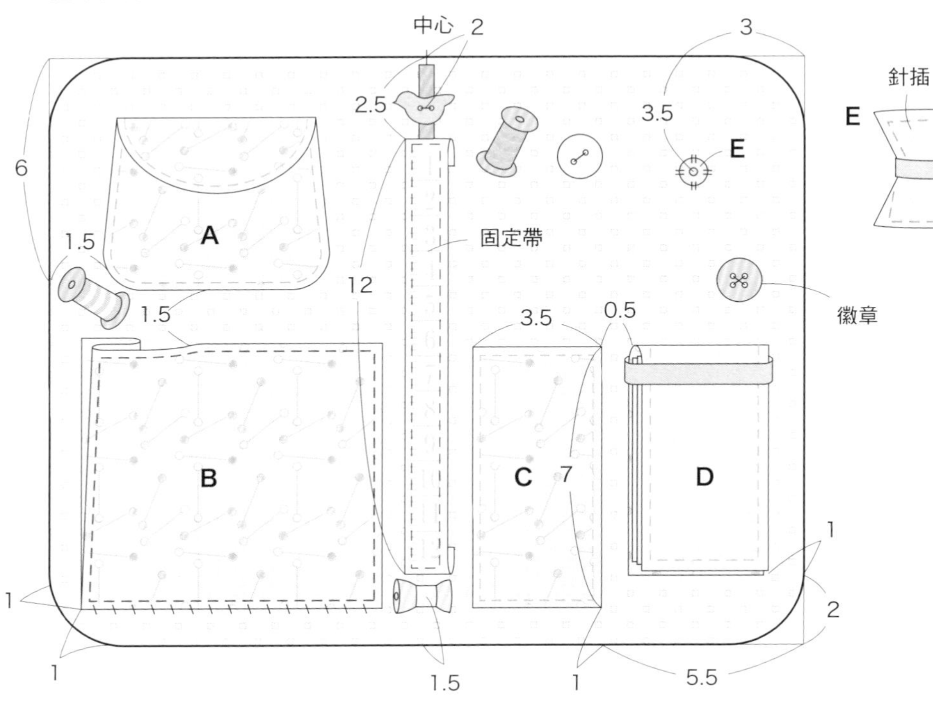
中心
2
3
2.5
3.5
E
6
A
1.5
固定帶
12
1.5
3.5
0.5
徽章
B
C
7
D
1
1
2
1
1.5
1
5.5
針插
E

A…附袋蓋口袋
B…口袋
C…剪刀袋
D…針插布片
E…針插

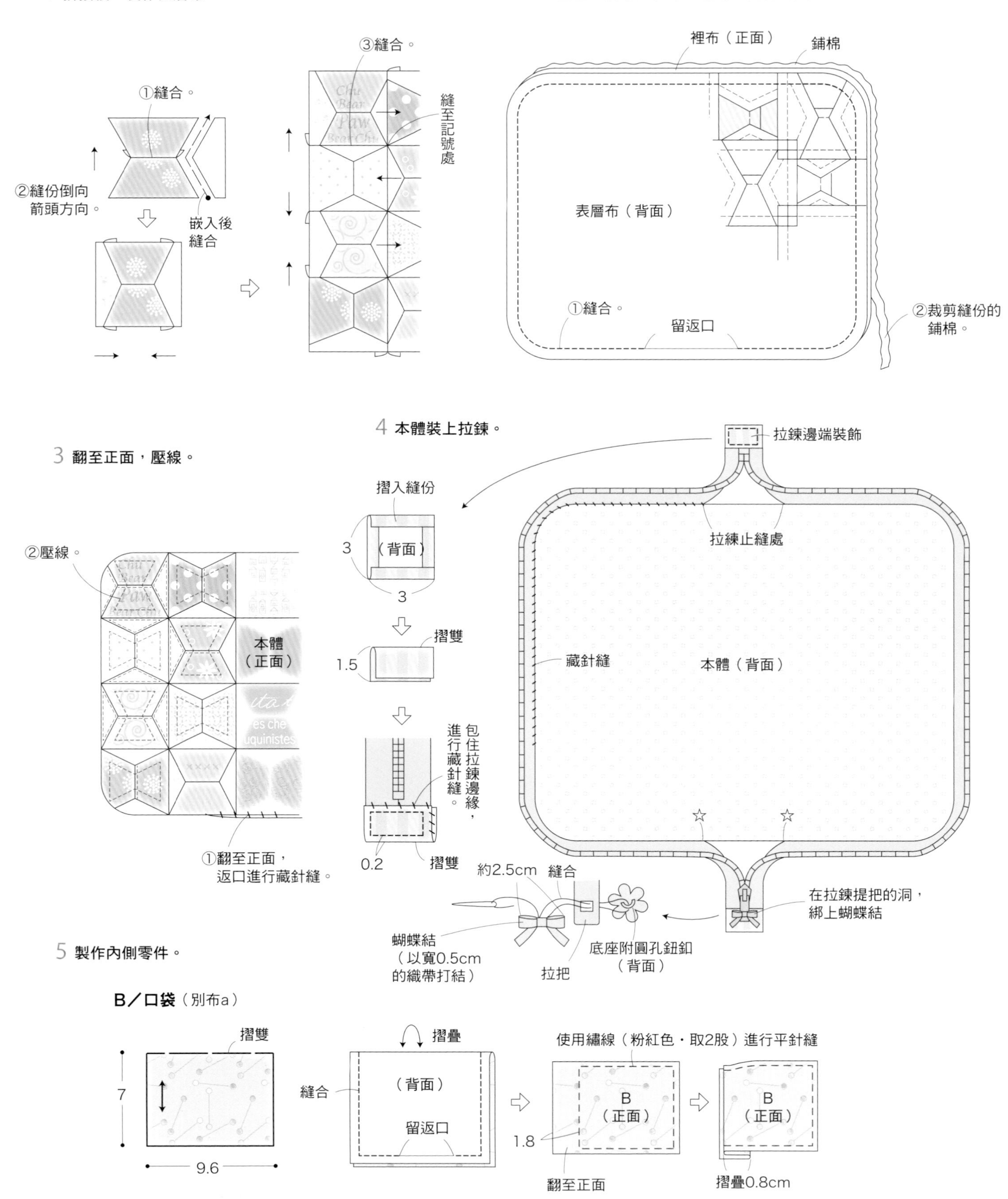
1 拼接後，製作表層布。
①縫合。
②縫份倒向
箭頭方向。
嵌入後
縫合
③縫合。
縫至記號處
2 重疊表層布與裡布、鋪棉，縫合周圍。
裡布（正面）
鋪棉
表層布（背面）
①縫合。
留返口
②裁剪縫份的
鋪棉。
3 翻至正面，壓線。
②壓線。
本體
（正面）
①翻至正面，
返口進行藏針縫。
4 本體裝上拉鍊。
摺入縫份
3
（背面）
3
摺雙
1.5
包住拉鍊邊緣，
進行藏針縫。
0.2
摺雙
拉鍊邊端裝飾
拉鍊止縫處
藏針縫
本體（背面）
在拉鍊提把的洞，
綁上蝴蝶結
約2.5cm
縫合
蝴蝶結
（以寬0.5cm
的織帶打結）
拉把
底座附圓孔鈕釦
（背面）
5 製作內側零件。
B／口袋（別布a）
摺雙
7
9.6
摺疊
縫合
（背面）
留返口
使用繡線（粉紅色・取2股）進行平針縫
B
（正面）
1.8
翻至正面
B
（正面）
摺疊0.8cm

A／附袋蓋的口袋

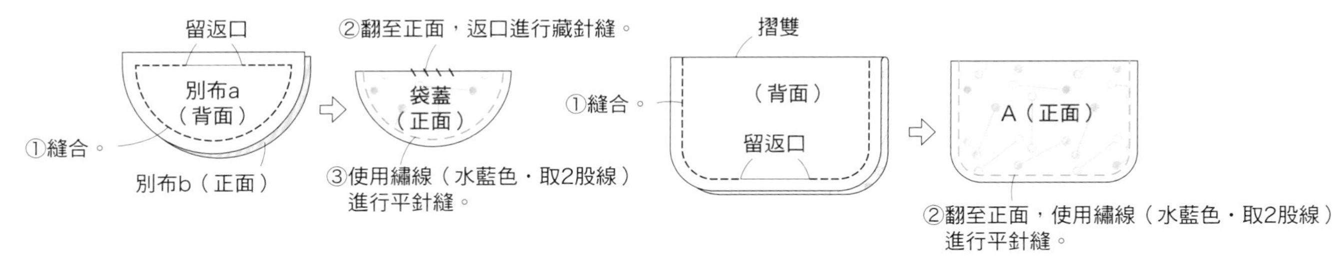

留返口
別布a
（背面）
①縫合。
別布b（正面）
②翻至正面，返口進行藏針縫。
袋蓋
（正面）
③使用繡線（水藍色・取2股線）
進行平針縫。
摺雙
①縫合。
（背面）
留返口
A（正面）
②翻至正面，使用繡線（水藍色・取2股線）
進行平針縫。

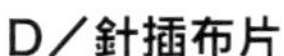

D／針插布片

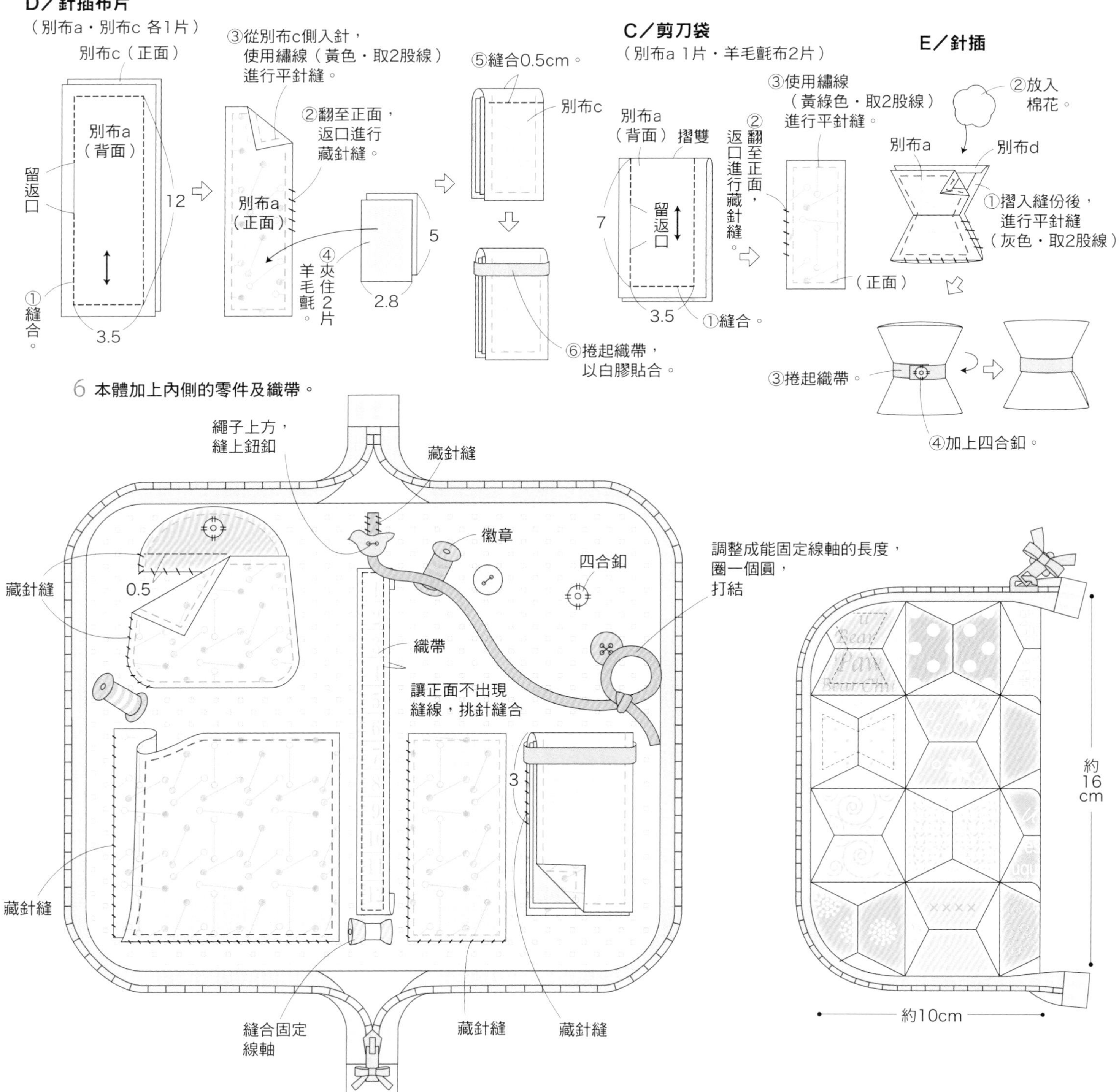

（別布a・別布c 各1片）
別布c（正面）
別布a
（背面）
留返口
①縫合。
12
3.5
③從別布c側入針，
使用繡線（黃色・取2股線）
進行平針縫。
②翻至正面，
返口進行
藏針縫。
別布a
（正面）
④夾住2片羊毛氈。
5
2.8
⑤縫合0.5cm。
別布c
⑥捲起織帶，
以白膠貼合。
C／剪刀袋
（別布a 1片・羊毛氈布2片）
別布a
（背面）
摺雙
留返口
7
3.5
①縫合。
②翻至正面，返口進行藏針縫。
③使用繡線
（黃綠色・取2股線）
進行平針縫。
（正面）
E／針插
②放入
棉花。
別布a
別布d
①摺入縫份後，
進行平針縫
（灰色・取2股線）
③捲起織帶。
④加上四合釦。
6 本體加上內側的零件及織帶。
繩子上方，
縫上鈕釦
藏針縫
徽章
四合釦
調整成能固定線軸的長度，
圈一個圓，
打結
藏針縫
0.5
織帶
讓正面不出現
縫線，挑針縫合
3
藏針縫
縫合固定
線軸
藏針縫
藏針縫
約16cm
約10cm

P.62 43 萬用巾

材料

拼布用布各色適量
表布（亞麻）寬50cm 40cm
裡布（印花布）寬31cm 31cm
蕾絲（寬1.8cm）120cm
25號繡線（紅色）

※刺繡參考P.87。

原寸紙型
B 面

本體1片（表層布・裡布）

壓線

28.8

28.8

1 拼接後，製作邊框。

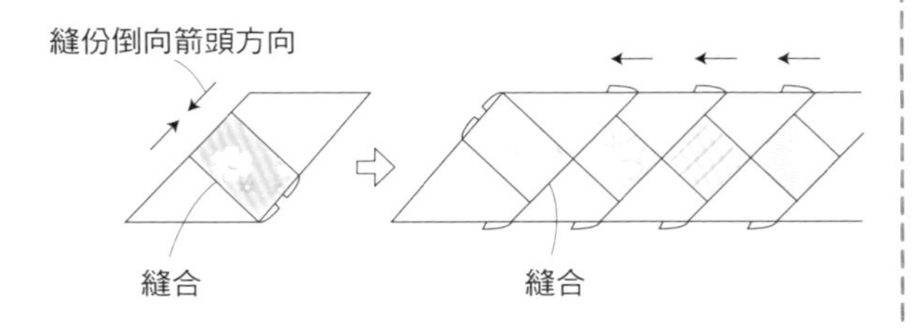

縫份倒向箭頭方向
縫合
縫合

2 表層布進行刺繡。縫合邊框，縫四個角，製作表層布。

3 重疊表層布與裡布，縫合周圍。翻至正面，壓線。

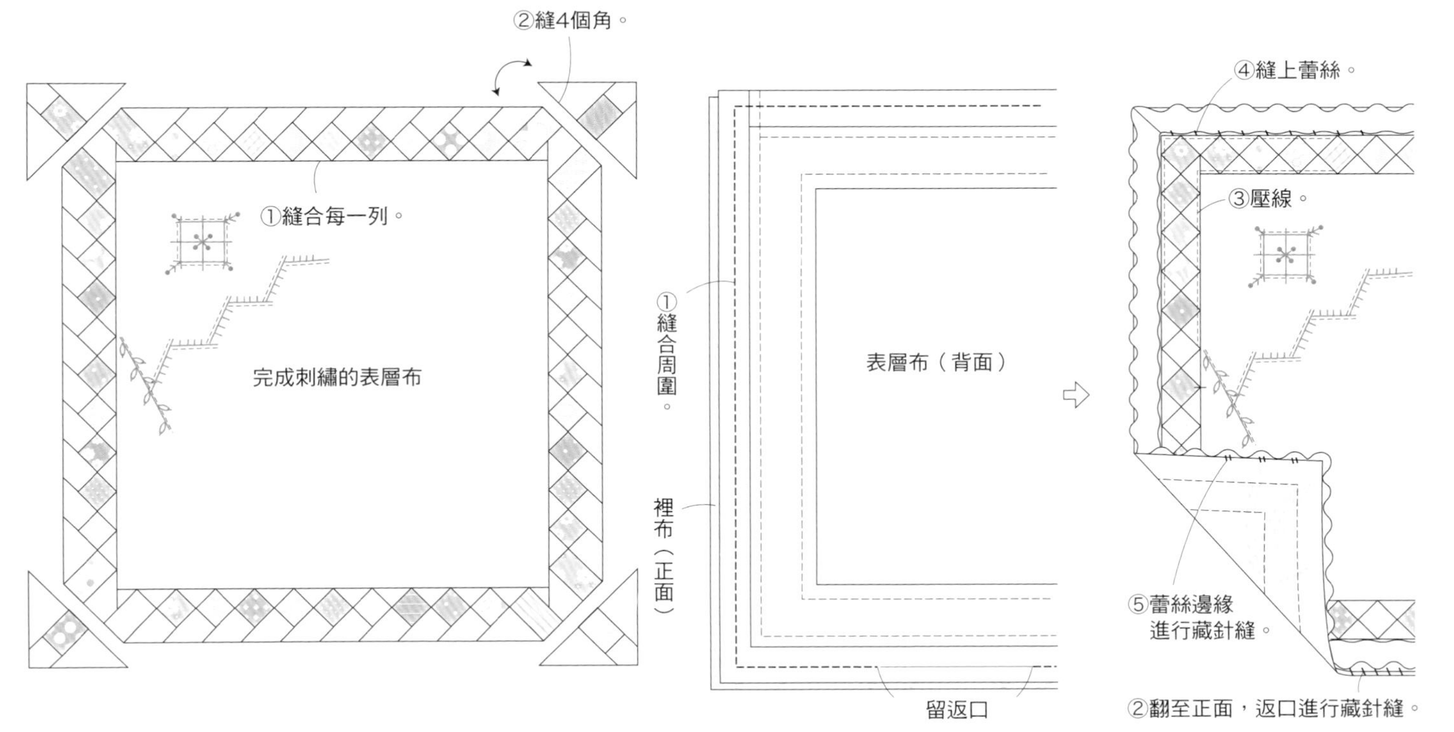

②縫4個角。
①縫合每一列。
完成刺繡的表層布
①縫合周圍。
裡布（正面）
表層布（背面）
留返口
④縫上蕾絲。
③壓線。
⑤蕾絲邊緣
進行藏針縫。
②翻至正面，返口進行藏針縫。

製作拼布之前

製作前，先記住拼布的基本功吧！

拼接

布片間的縫合，稱為拼接。製作紙型，裁剪布料，將2片布片對齊後以手縫製作。

■製作紙型

影印書本內容，放於厚紙上方，以錐子在邊角的位置打洞。

沿著厚紙上打好的洞，以量尺畫線，再以剪刀裁剪。

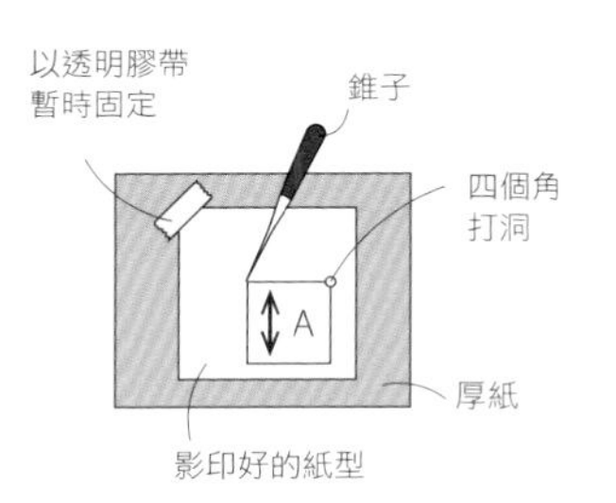

以透明膠帶
暫時固定
錐子
四個角
打洞
A
厚紙
影印好的紙型

■裁剪布料

以熨斗燙熨布料，放於拼布燙板上，與紙型組合，在布的背面做上記號。預留縫份，再取下一片布片。

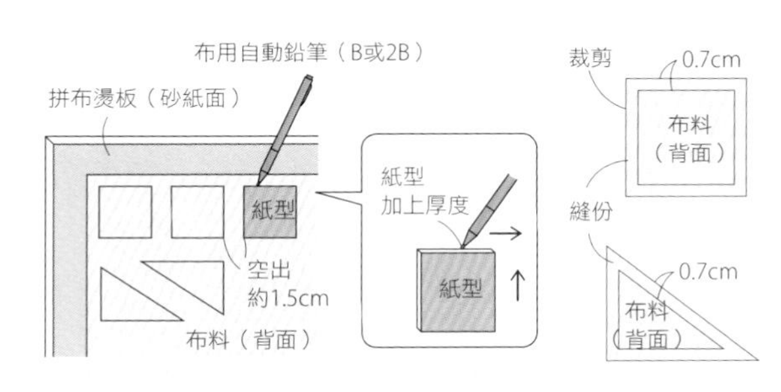

布用自動鉛筆（B或2B）
拼布燙板（砂紙面）
紙型
空出
約1.5cm
布料（背面）
紙型
加上厚度
紙型
裁剪
0.7cm
布料
（背面）
縫份
0.7cm
布料
（背面）

■縫法與線

使用頂針，取1股拼布線進行平針縫。縫線間隔約0.2至0.3cm。為避免看不清楚線條，請使用原色或灰色線。

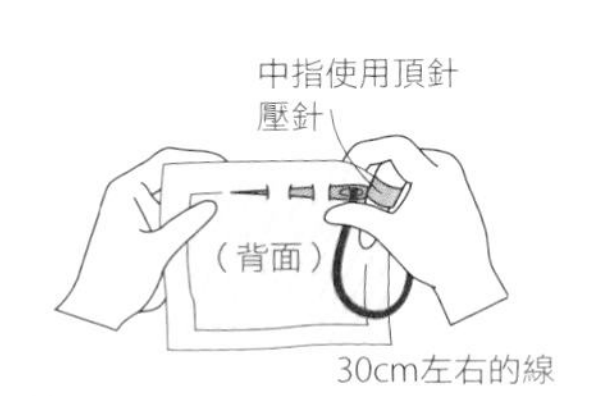

中指使用頂針
壓針
（背面）
30cm左右的線

■縫法

1 布的正面之間對齊內側後，以珠針固定。從布邊進行回針縫，縫至布邊後，以指尖壓開縫線縮起處，止縫處也進行回針縫。

2 縫份2片皆倒向深色方向的布。縫合兩組時，對齊縫線中心。

從邊緣開始縫合，中心進行回針縫，縫合至邊緣。

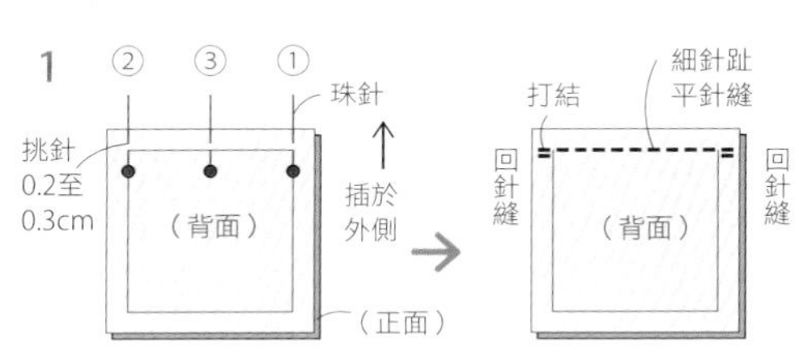

1
②
③
①
珠針
挑針
0.2至
0.3cm
插於
外側
（背面）
（正面）
打結
細針趾
平針縫
回針縫
（背面）
回針縫

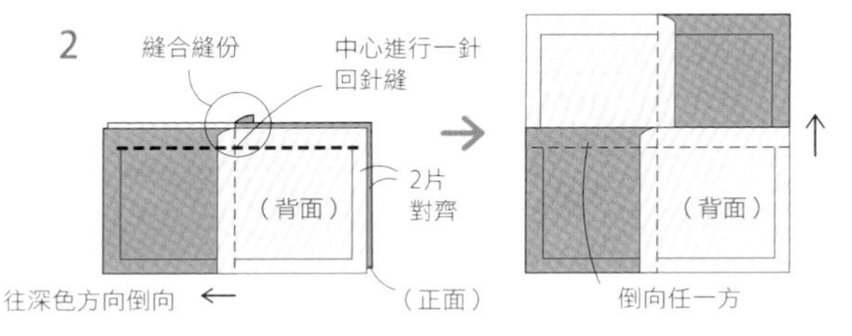

2
縫合縫份
中心進行一針
回針縫
2片
對齊
（背面）
往深色方向倒向
（正面）
（背面）
倒向任一方

■嵌入式布片的縫法

六角形或菱形，無法以直線縫合的布片，不縫至縫份處，而是縫至記號處。

下一片布片縫至記號處，避開縫份，與下一片布片縫合。

此縫法稱為「嵌入式縫法」。

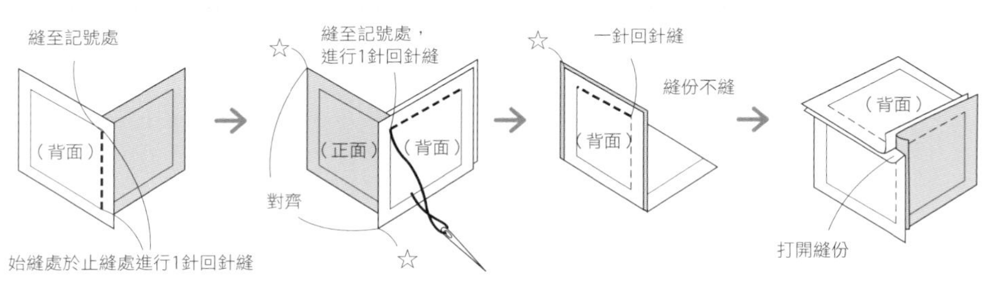

縫至記號處
（背面）
始縫處於止縫處進行1針回針縫
☆
縫至記號處，
進行1針回針縫
（正面）
（背面）
對齊
☆
☆
一針回針縫
縫份不縫
（背面）
（背面）
打開縫份

貼布縫

貼布縫是指在底布放上別的布後縫合。重疊好幾片的貼布縫，以由下往上的順序開始縫合。

貼布縫的縫份是0.5cm。包住厚紙後，摺出摺痕，拆下厚紙，放上作好記號的底布後，縫合。

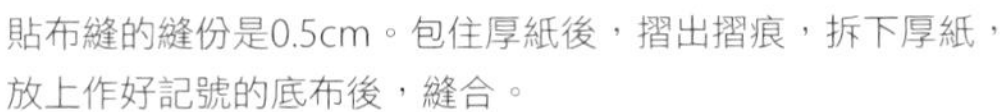

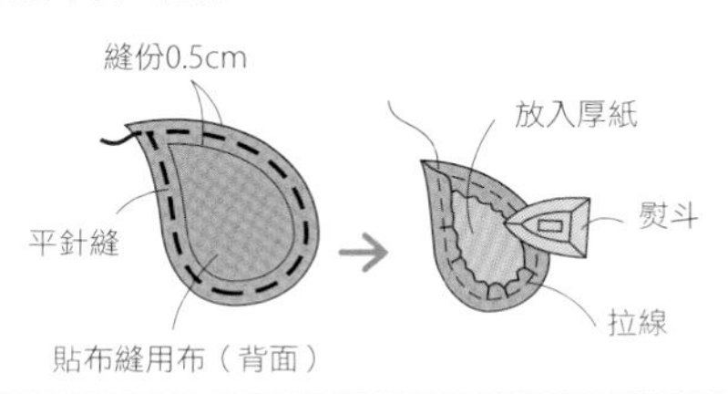

縫份0.5cm
平針縫
貼布縫用布（背面）
放入厚紙
熨斗
拉線

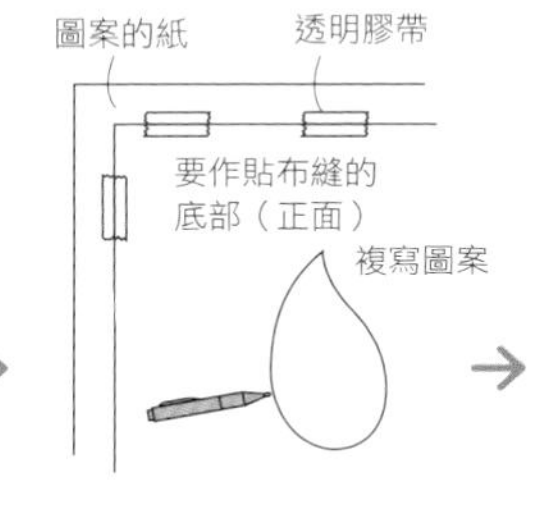

圖案的紙
透明膠帶
要作貼布縫的
底部（正面）
複寫圖案

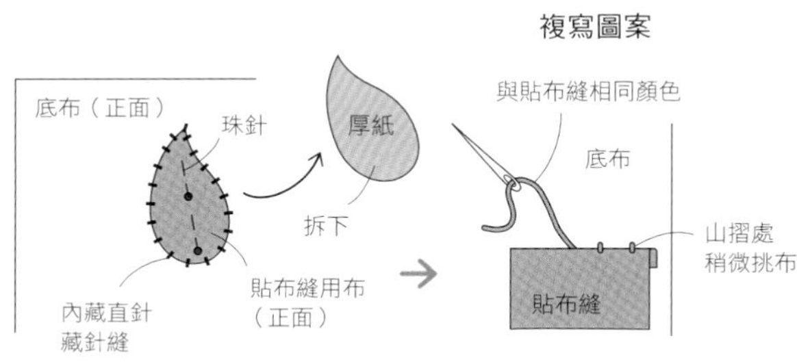

複寫圖案
底布（正面）
珠針
厚紙
拆下
內藏直針
藏針縫
貼布縫用布
（正面）
與貼布縫相同顏色
底布
山摺處
稍微挑布
貼布縫

疏縫

疏縫是壓線的準備。拼接或貼布縫後，呈現一片布的拼布，稱之為表層布。

■畫壓線的線

以布用自動鉛筆在表層布畫線。

格子壓線可使用方眼量尺。

深色的布使用白色或黃色較顯眼。

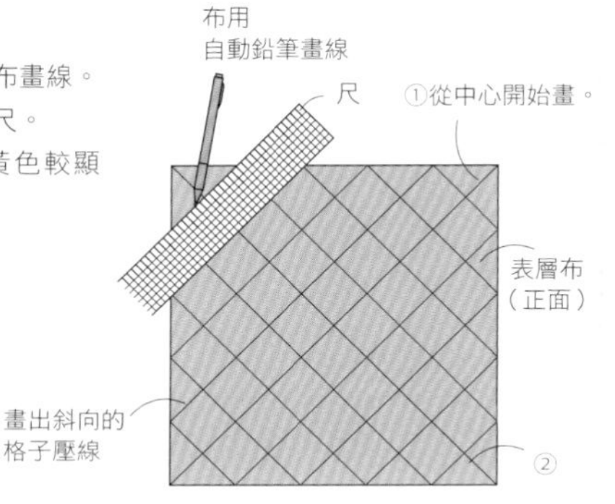

布用
自動鉛筆畫線
尺
①從中心開始畫。
表層布
（正面）
畫出斜向的
格子壓線
②

■疏縫

重疊表層布與鋪棉、裡布後，縫合疏縫線。

在平坦的桌子上方重疊3片固定，以珠針暫時固定。

從中心向外，呈放射狀縫合。

以柔軟的塑膠湯匙接針，會比較容易抓住針

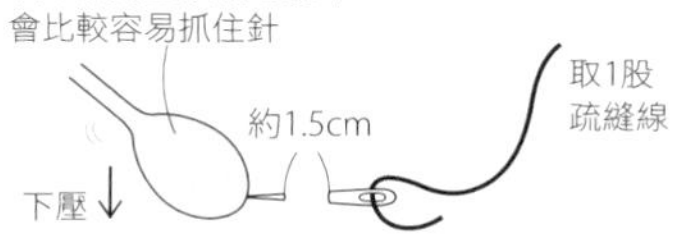

下壓
約1.5cm
取1股
疏縫線

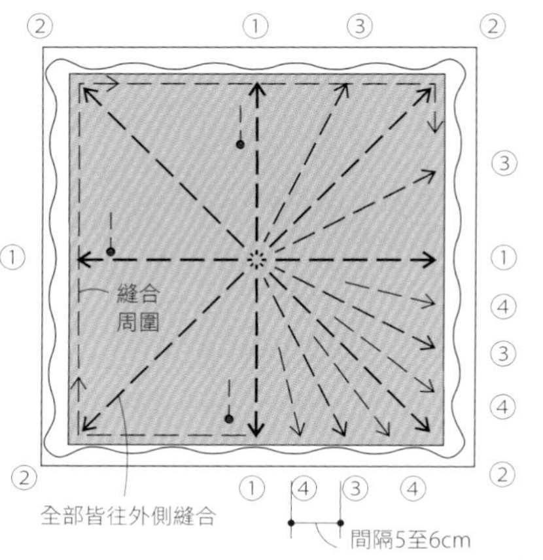

②
①
③
②
③
①
①
④
③
④
縫合
周圍
②
②
①
④
③
④
全部皆往外側縫合
間隔5至6cm

壓線

縫合3片疏縫的布稱之為壓線。

■線與針趾

取1股拼布線縫合。顏色整體使用原色、灰色等不顯色的顏色，或是搭配布料顏色選擇。針穿至裡布，針趾之間距離統一在0.1cm至0.2cm。
壓線始縫、止縫皆在布的正面作處理。壓線完成後，再取下疏縫線。

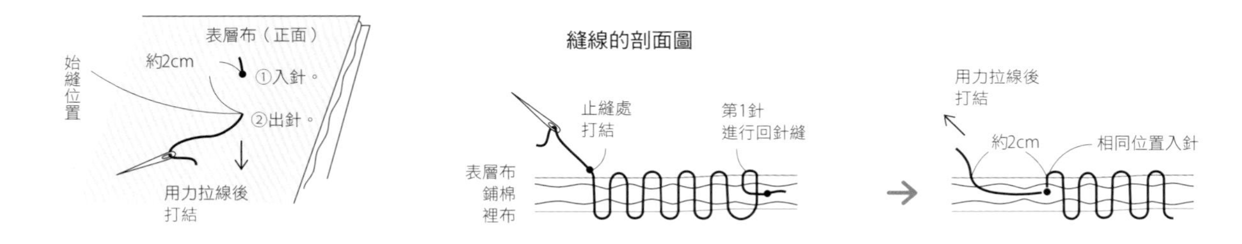

始縫位置
表層布（正面）
約2cm
①入針。
②出針。
用力拉線後
打結
縫線的剖面圖
止縫處
打結
第1針
進行回針縫
表層布
鋪棉
裡布
用力拉線後
打結
約2cm
相同位置入針

■頂針使用方法

將皮製的頂針套入持針手上的中指，金屬頂針套入接針手上的中指。
使用頂針壓針，針尖與金屬頂針碰觸後往上壓，讓針尖在表面出針。

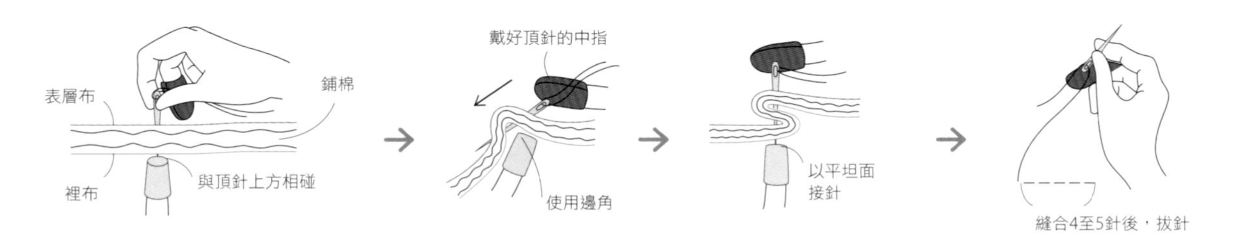

表層布
鋪棉
裡布
與頂針上方相碰
戴好頂針的中指
使用邊角
以平坦面
接針
縫合4至5針後，拔針

■小尺寸作品的壓線

像平針縫一樣，將布往內拉摺，縫合。
此縫法用在3片布料時，容易滑開，
先以疏縫線固定。

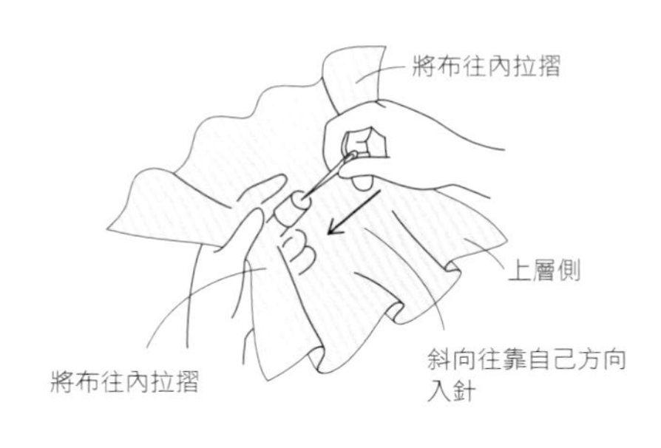

將布往內拉摺
上層側
將布往內拉摺
斜向往靠自己方向
入針

■使用壓線框的壓線

像是包包及拼布等大件作品可以使用壓線框撐開布料進行壓線，可以作出漂亮的針趾。鬆開壓線框，撐開布料後，靠在桌子邊緣，張開雙手，使用頂針的縫法。

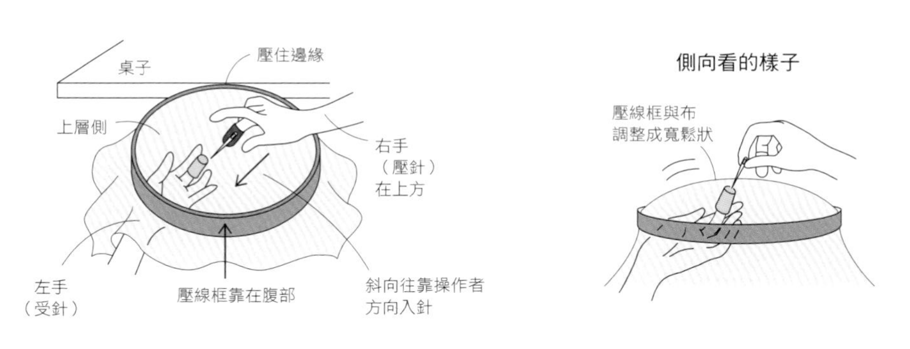

桌子
壓住邊緣
上層側
右手
（壓針）
在上方
左手
（受針）
壓線框靠在腹部
斜向往靠操作者
方向入針
側向看的樣子
壓線框與布
調整成寬鬆狀

滾邊

後的布邊處理稱為滾邊。
寬3.5cm的斜紋布可作成0.7至0.8cm的滾邊布。

裁剪斜紋布，縫合後接長。縫至記號處後，摺疊，避開縫份後縫合。包覆布邊進行藏針縫。

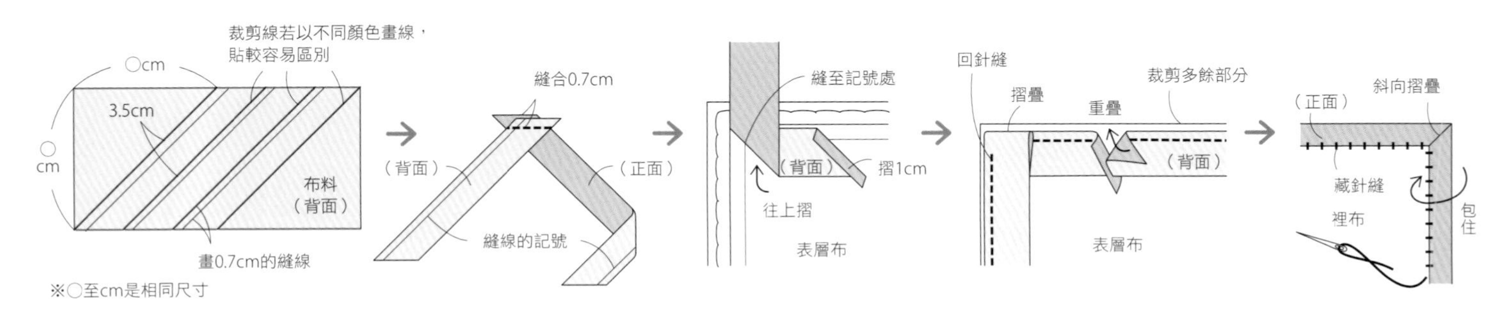

裁剪線若以不同顏色畫線，
較容易區別
○cm
3.5cm
○
cm
布料
（背面）
畫0.7cm的縫線
縫合0.7cm
（背面）
（正面）
縫線的記號
縫至記號處
（背面）
摺1cm
往上摺
表層布
回針縫
摺疊
重疊
裁剪多餘部分
（背面）
表層布
（正面）
斜向摺疊
藏針縫
裡布
包住

※○至cm是相同尺寸

拼布整體拼接

包包的整體拼接分為：各自製作各部件後，再以捲針縫方式連接整體；
以及先將整體連接後再進行製作，縫合脇邊、底部後，再以裡布包覆縫份的方法。

■捲針縫

依鋪棉、裡布、表層布的順序重疊，縫合周圍。翻至正面後，返口進行藏針縫，疏縫後再壓線。
將2組布片以細針趾進行捲針縫縫合。

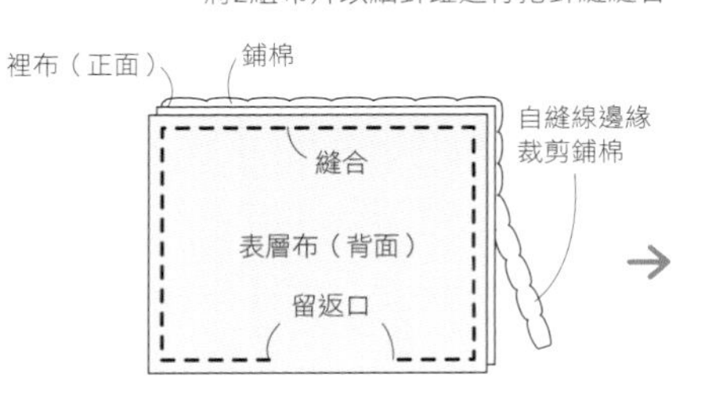

裡布（正面）
鋪棉
自縫線邊緣裁剪鋪棉
縫合
表層布（背面）
留返口

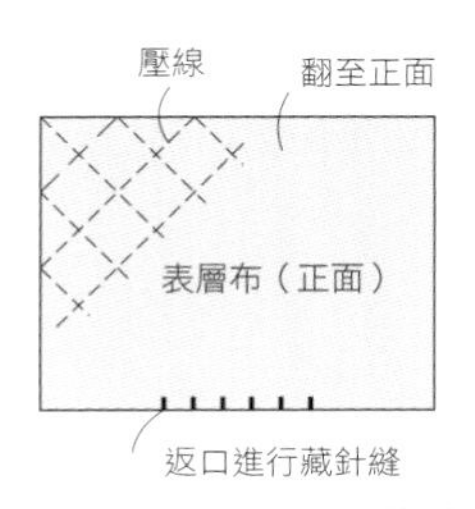

壓線
翻至正面
表層布（正面）
返口進行藏針縫

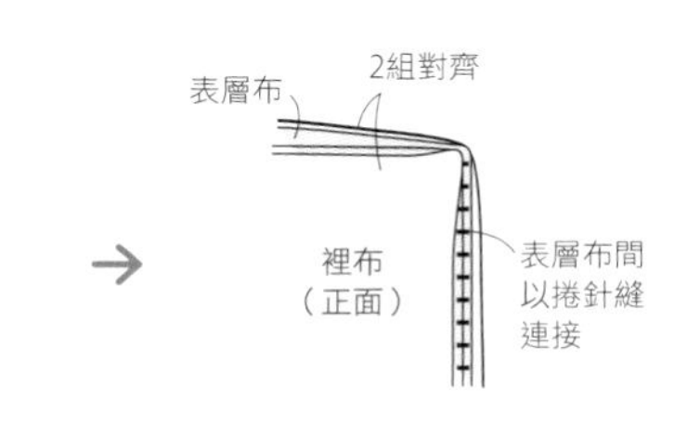

2組對齊
表層布
裡布
（正面）
表層布間以捲針縫連接

■縫法

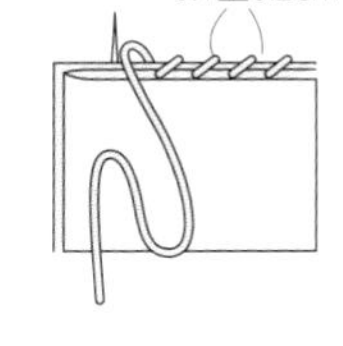

0.1至0.2cm
捲針縫

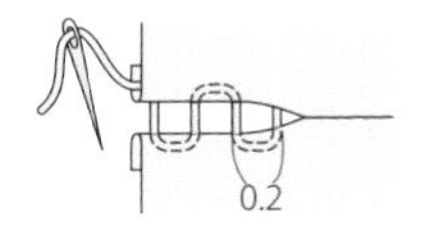

藏針縫
0.2

■以裡布包覆縫份

裡布的縫份多留一些，包住裁切面後進行捲針縫。

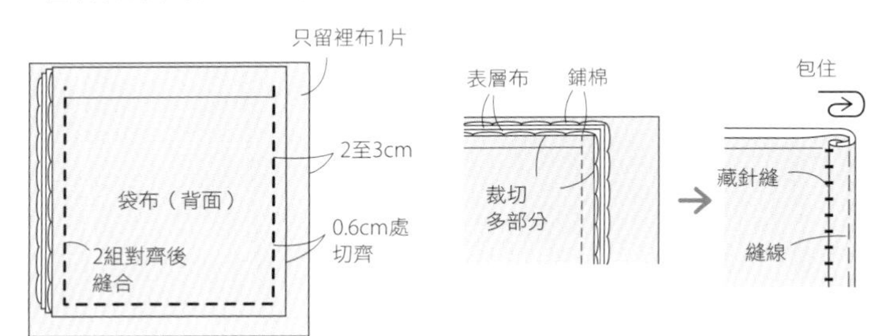

只留裡布1片
2至3cm
袋布（背面）
0.6cm處切齊
2組對齊後縫合
表層布
鋪棉
裁切多部分
包住
藏針縫
縫線

■裝上拉鍊

拉鍊以回針縫固定，布邊進行藏針縫，固定袋身。

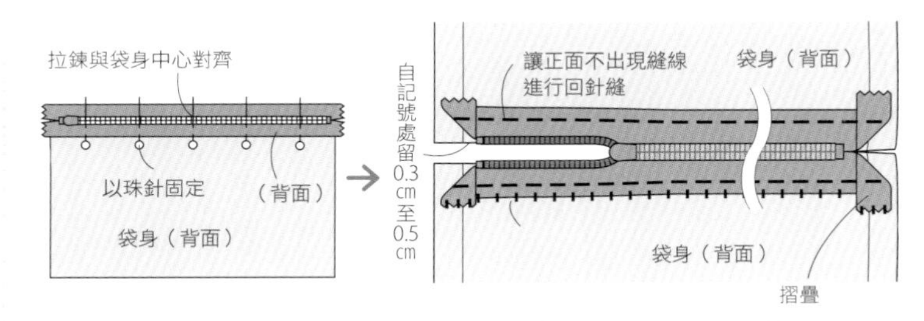

拉鍊與袋身中心對齊
以珠針固定
（背面）
袋身（背面）
自記號處留0.3cm至0.5cm
讓正面不出現縫線進行回針縫
袋身（背面）
袋身（背面）
摺疊

■包釦

以布將塑膠零件包住。

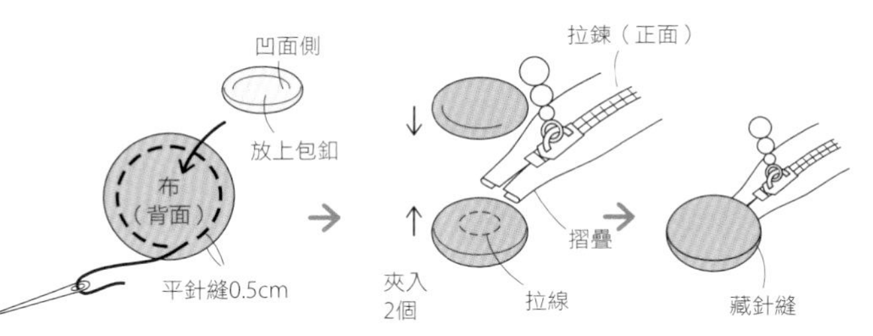

凹面側
放上包釦
布（背面）
平針縫0.5cm
拉鍊（正面）
夾入2個
摺疊
拉線
藏針縫

■裝飾配件

布片以平針縫塞入棉花，拉線後包住拉鍊鍊頭及鍊繩前端。

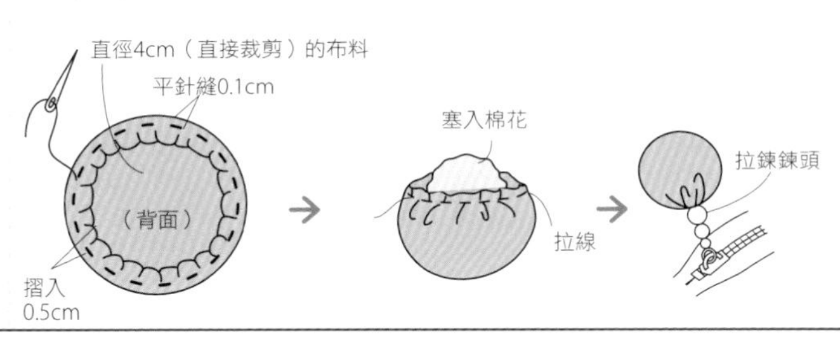

直徑4cm（直接裁剪）的布料
平針縫0.1cm
（背面）
摺入0.5cm
塞入棉花
拉線
拉鍊鍊頭

繡法

25號繡線所註明的線數、蠟線（同蠟燭芯一樣，極粗的線）取1股線進行刺繡。

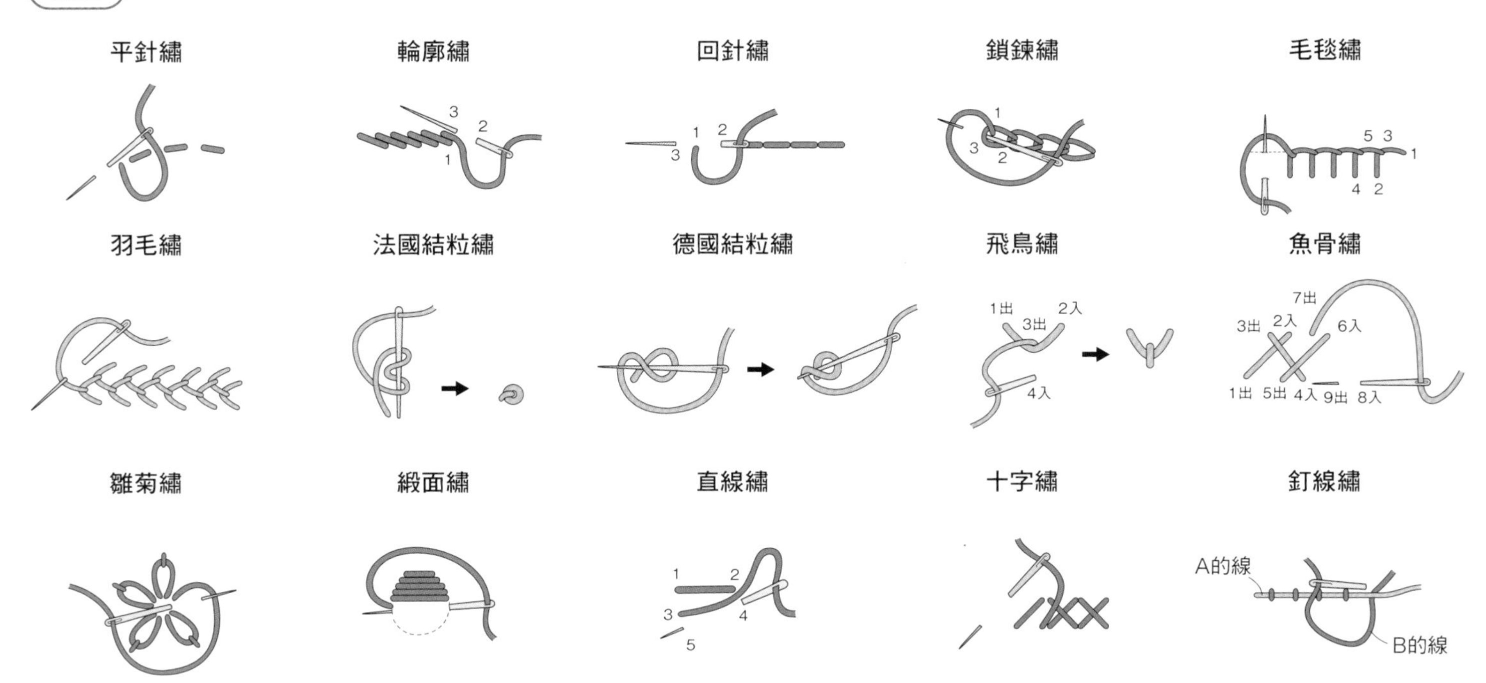

平針繡
輪廓繡
回針繡
鎖鍊繡
毛毯繡
羽毛繡
法國結粒繡
德國結粒繡
飛鳥繡
1出
2入
3出
4入
魚骨繡
7出
3出
2入
6入
1出
5出
4入
9出
8入
雛菊繡
緞面繡
直線繡
十字繡
釘線繡
A的線
B的線

拼布美學 PATCHWORK 36

小尺寸×大實用！

柴田明美の小可愛拼布

43款日常手作布小物×收納包全創作

作　　者／柴田明美
譯　　者／楊淑慧
發 行 人／詹慶和
總 編 輯／蔡麗玲
執行編輯／黃璟安
編　　輯／蔡毓玲．劉蕙寧．陳姿伶．李宛真．陳昕儀
封面設計／周盈汝
美術設計／陳麗娜．韓欣恬
內頁排版／造極
出 版 者／雅書堂文化事業有限公司
發 行 者／雅書堂文化事業有限公司
郵政劃撥帳號／18225950
戶　　名／雅書堂文化事業有限公司
地　　址／新北市板橋區板新路206號3樓
電　　話／(02)8952-4078
傳　　真／(02)8952-4084
網　　址／www.elegantbooks.com.tw
電子信箱／elegant.books@msa.hinet.net

2018年8月初版一刷　定價450元

Lady Boutique Series No.4497
Shibata Akemi Chiisana Kawaii Quilt

經銷／易可數位行銷股份有限公司
地址／新北市新店區寶橋路235巷6弄3號5樓
電話／(02)8911-0825
傳真／(02)8911-0801

國家圖書館出版品預行編目(CIP)資料

小尺寸 x 大實用！柴田明美の小可愛拼布：43 款日常手作布小物 x 收納包全創作 / 柴田明美著；楊淑慧譯. -- 初版. -- 新北市：雅書堂文化, 2018.08
　面；　公分. -- (拼布美學；36)
譯自：柴田明美小さなかわいいキルト
ISBN 978-986-302-445-3(平裝)

1. 拼布藝術 2. 手工藝

426.7　　107012359

柴田明美（Akemi Shibata）

Profile

1984年開設拼布商店&學校，學校課程注重在的培養個人特色、自立、指導能力，課程廣受好評，在國內外開課達50個班。深愛古董拼布的柴田明美製作的作品風格樸實、配色可愛，受到國內外朋友的喜愛。<<柴田明美　私のパッチワーク>><<柴田明美　とっておきのパッチワーク>><<柴田明美　くてかわいいパッチワーク>><<柴田明美　世界でたったひとつ　あなただけのパッチワーク>>（皆為Boutique社出版）等著書，皆有中文、泰文、法文等多國版本，部分繁體中文版由雅書堂文化出版。

★本書作品協助製作人員
（依50音順序排列）
市坂孝子
伊藤文子
大野幾代
岡本陽子
甲斐洋子
高木喜代子
高島右子
高橋豊子
高浜榮子
立花俊美
戶部玲子
星野亞紀子
橫須賀祥子
若宮素子

★日文原書團隊
編輯／新井久子 三城洋子
攝影／山本倫子
書籍設計／右高晴美
製圖·紙型／白井麻衣
作法校正／安彥友美

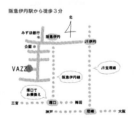

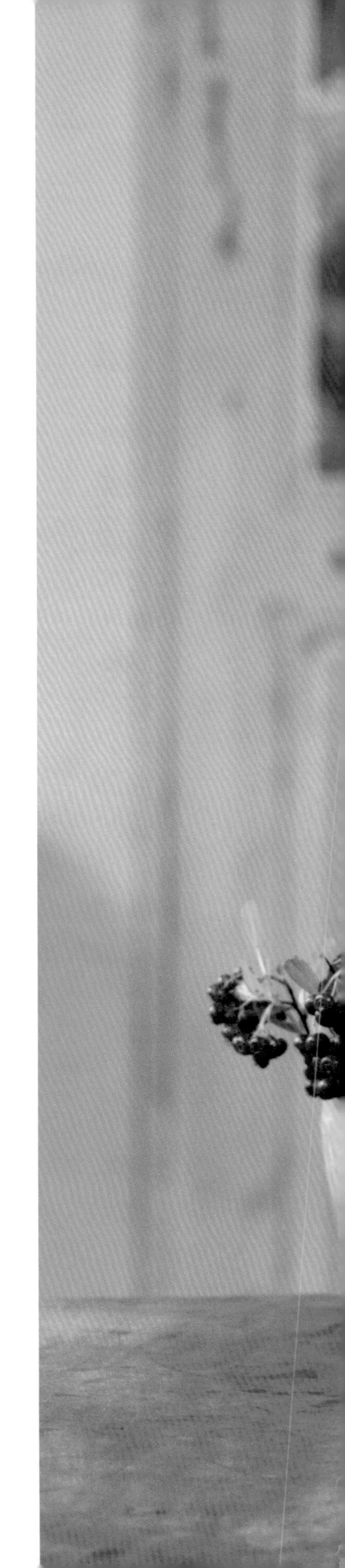

以祝福之心，為你而作的拼布禮物！

獻上33款只想送你的
手作拼布包！

本書收錄33個充滿巧思及創意的迷人拼布包，柴田明美老師在書中細心介紹其設計的靈感及手作包的每一個小細節，彷彿進入了她的拼布工作室，從特殊的選布、可愛的配色開始，隨心所欲搭配每一件作品的製作回憶、走訪過的人文風景，即便是簡單的包款，也因為老師裝飾上的小配件，而變得更加別具意義，每一個拼布包，都非常適合作為禮物贈送給想要表示感謝或表達情意的家人或朋友。

書中作品皆附有詳細作法教學及原寸紙型＆圖案，收錄基本拼布製作、刺繡方法等技巧，初學者也可以跟著柴田老師的說明，一起動手完成！快拿起針線，為自己、為家人、為朋友，作一個專屬於他的拼布禮物吧！收到的人一定會很開心喲！

手作專屬禮
Akemi Shibata
柴田明美送給你的拼布包

手作專屬禮
柴田明美送給你的拼布包

平裝／88頁／21×26cm／彩色
柴田明美◎著
定價450元